# LE CERVEAU, MACHINE À INVENTER

Yves Agid

# LE CERVEAU, MACHINE À INVENTER

Albin Michel

*À mes enfants, Isabelle, David et Elsa*

# Introduction

## Pourquoi faire des découvertes ?

Pourquoi, à la différence des autres animaux, l'homme a-t-il une telle soif de progrès ? L'histoire montre qu'une civilisation survit si elle progresse et s'éteint faute de progrès. Le progrès semble donc inhérent à l'idée de civilisation. Encore faut-il s'entendre sur la notion de progrès. Le progrès n'est pas seulement social, économique, politique, scientifique ou philosophique. Il est tout à la fois, chacun de ces domaines favorisant les autres. Les avancées se font lentement, par accumulation de connaissances à partir de l'existant, rarement par sauts successifs. C'est ainsi que l'Humanité a passé son temps à progresser, dans une direction ou dans une autre, aujourd'hui de manière exponentielle. Des petits pas dans le passé, des grands pas récemment.

Progresser, c'est bien, mais comment ? Le progrès ne peut se faire qu'à partir de ce qui est disponible. Avant de savoir pourquoi c'est ainsi, il faut commencer par savoir comment ça marche. *Homo sapiens* dispose pour cela d'une faculté où il excelle, celle de comprendre, et d'une faculté qui lui est quasiment spécifique, celle de créer. La créativité, cette insatiable soif de progresser, permet d'œuvrer au bien de la société et, si possible, d'éviter les dérives sociales, politiques et morales.

Créer – mot qui a la même origine que croître –, c'est apporter du *nouveau*, souvent avec la connotation d'inhabituel, d'inattendu. Mais, faire du nouveau, ce n'est pas seulement faire différemment, il faut aussi que la nouveauté soit *originale*, singulière, comme la création artistique, ou qu'elle apporte une solution à laquelle on n'aurait pas pensé auparavant. Il faut, de plus, qu'elle ait une *valeur*, petite (un dessin d'enfant) ou grande (la théorie de la sélection naturelle), et qu'elle soit *adaptée au contexte* (qu'elle tienne compte des besoins, par exemple la réduction de la production d'oxyde de carbone pour lutter contre le réchauffement climatique).

«Je crée, donc je suis? Euh… non.»
«Je crée, donc je pense? Euh… non.»
«Je pense, donc je suis? Ah oui, c'est mieux!»

Le processus de créativité, loin d'être continu, est constitué de différentes phases qui alternent, d'idées qui se multiplient et qui sont sélectionnées pour aboutir à la création. C'est donc le contraire du conforme, du banal, du classique, de l'académique, du routinier. Mais alors, comment fait-on pour créer ? Il y a trois façons de créer : inventer, innover, découvrir. Découvrir, c'est le propos de ce livre.

## Découvrir, une forme de créativité

> « Gutenberg a inventé l'imprimerie, François Ier a inventé la syphilis, Mayonnaise a inventé la sauce », Anonyme.

La vie de tous les jours donne-t-elle souvent l'occasion de faire des découvertes ? En l'absence de difficultés personnelles ou de cataclysme, ne suffit-il pas de « vivre sa vie » en se contentant des habitudes héritées, des routines apprises, ce qu'on pourrait appeler une « bonne vie », celle à laquelle aspire l'immense majorité des habitants de cette planète ? Pourquoi en faire plus si tout va bien ? Ce serait oublier qu'*Homo sapiens* est avide de connaissances. Mais comment connaître, car, si l'on sait, il est inutile de chercher, et, si l'on ne sait pas, on ignore ce qu'il faudrait chercher, puisqu'on ne connaît pas la nature de ce que l'on cherche. Telle est la leçon du *Ménon*, un dialogue de Platon. Heureusement, l'homme est créatif. Il a en lui ce besoin étrange de rendre maîtrisable ce qui l'entoure et, si possible, de le rendre calculable. Il veut tout comprendre, tout maîtriser, tout prévoir. Incroyable désir ! Comme le monde avance à toute vitesse, il se sent obligé de trouver des solutions pour ne pas stagner, pour ne pas dépérir. Ce comportement s'impose à lui quand tout va mal, mais aussi quand tout va bien – comme à cet industriel qui disait : « Tout marche bien, c'est le moment de changer. »

Découvrir, c'est par essence l'enjeu de la science qui cherche à mettre au jour ce qui existe. Quand Christophe Colomb a découvert l'Amérique, il ne l'a pas créée, elle existait. Tout se conjugue pour « dévoiler les phénomènes encore ignorés qui illuminent la science tout entière et permettent de la considérer dans son ensemble », disait Claude Bernard[1]. Il y a le plus souvent une finalité, mais rien n'y oblige. La découverte se distingue de l'*innovation*, soit construire à partir de ce qui est, en transformant l'existant. L'innovation relève plutôt de l'ingénieur, qui construit à l'aide d'instruments, avec une finalité pratique. La découverte, ce n'est pas non plus l'*invention*, qui ne nécessite pas d'objet préexistant, même si l'on n'invente pas tout à fait à partir de rien, puisqu'on dispose d'un certain savoir[2]. L'invention peut avoir une connotation intellectuelle (le concours Lépine) ou émotionnelle (l'artiste).

1. Claude Bernard, *Introduction à l'étude de la médecine expérimentale* [1865], Paris, Flammarion, 2008.

2. André Comte-Sponville, *Dictionnaire philosophique*, Paris, Presses universitaires de France, 2021.

Le scientifique

En vérité, il n'y a pas de découverte sans innovation, car il faut améliorer les techniques disponibles, ni de découverte sans invention, car il faut imaginer de nouveaux concepts. Le découvreur a en effet un côté artiste.

Il y a de petites et de grandes découvertes, celles auxquelles personne n'avait pensé, celles qui sont source d'amélioration et celles qui finissent par ne plus l'être, ou celles qui le deviennent avec le temps. Il y a un petit nombre de grandes découvertes – à l'image du nombre réduit de prix Nobel, et beaucoup finissent dans l'oubli – et un grand nombre de petites découvertes, dont on ne parle jamais et qui sont pourtant, pour certaines, à l'origine des bonds dialectiques de la science. En réalité, sans même le savoir, nous passons notre temps à découvrir. Car on sait si peu de choses…

## Pourquoi ce livre ?

L'objectif n'est pas de proposer une nouvelle idéologie et encore moins une recette. Le propos ne sera ni historique ni philosophique (faute de compétence), ni scientifique (il y a peu de recherches sur ce thème). L'objectif, ambitieux par le but et modeste par les moyens, est pratique : comment se déroule la réflexion scientifique jusqu'à la découverte ? Quel est le rôle des mouvements de pensée scientifiques, des progrès techniques, de la personnalité du chercheur ? Que faire pour être un bon scientifique, que faut-il ne pas faire ? La connaissance des mécanismes du processus de découverte dans le cerveau permet-elle de mieux se préparer à la recherche ? Le but du livre n'est pas d'exposer les raisons pour lesquelles on fait une découverte, mais d'expliquer comment on la fait, en montrant qu'il faut penser plus, que cela s'apprend et que c'est à la portée de tous. C'est un message pour les jeunes gens, qui envisagent la recherche scientifique de façon souvent naïve, et pour leurs aînés expérimentés, parfois blasés.

Curieusement, ceux qui se lancent dans la recherche n'ont pas d'idée *a priori* sur ce qu'est le métier de scientifique, encore moins sur la façon dont on fait de la science. Il est tout de même étonnant de choisir une des carrières les plus difficiles et les moins bien rémunérées sans savoir si on a les qualités requises, sans en avoir anticipé les chemins prévisibles… L'idée ici est que, si on arrive à comprendre les déterminants du succès scientifique, on sera plus apte à choisir cette voie et à s'y engager avec efficience.

Pour montrer que la notion de découverte, avec ses corrélats d'innovation et d'invention, est à la fois universelle et à la portée de tous, mon propos s'organisera en trois temps (qui peuvent se lire en trois parties séparées) : analyse des étapes successives d'une découverte ; identification des principaux déterminants requis pour faire une découverte, avec la description des principaux profils types de « découvreurs » ; nature des circuits de neurones qui, dans le cerveau, sont mis en jeu pour faire une découverte. Le but est de reconnaître les mécanismes qui peuvent conduire à faire une découverte.

Le propos sera volontairement simplifié, n'hésitera pas à hasarder des hypothèses et s'appuiera sur des exemples de la littérature biomédicale, principalement, du plus banal au plus génial, du plus cocasse au plus inattendu. Le scientifique y trouvera des banalités, le puriste des invraisemblances, le lecteur la passion de la recherche, ce qui n'exclut pas un peu de férocité souriante. Pour ce faire, j'ai, en la matière, une certaine légitimité ; car, même si je n'ai jamais fait de grandes découvertes, j'aime les chercheurs comme j'aime la science.

# I.

# Faire une découverte, comment ?

Découvrir, c'est trouver ce qui était inconnu ou caché. On peut découvrir l'Amérique (Christophe Colomb, 1492) ou les lois de la gravitation universelle (Isaac Newton, 1687). Il y a des petites (un fossile sans intérêt) et de grandes découvertes (la mécanique quantique). Les efforts pour faire une petite découverte peuvent être aussi intenses que pour en faire une grande, tout dépend de la question posée. Pour le scientifique, la question est de savoir comment poser les bonnes questions pour ne pas aborder des thèmes de recherche au-dessus de ses forces ou pour ne pas choisir, à l'inverse, un sujet de recherche trop élémentaire au regard de sa propre ambition. Comment être efficient de sorte que l'énergie dépensée ne soit pas disproportionnée par rapport au temps consacré à la recherche ? Comment connaître les ficelles du métier, même s'il n'y a pas de recette universelle ?

Quelles sont les phases cognitives qui se succèdent dans le processus de la découverte ? Dans la description de Graham Wallas (1858-1932), la dynamique de découverte comprend quatre phases – préparation, incubation, illumination, vérification –, que l'on peut proposer d'enrichir. D'abord *je m'étonne* devant un résultat inattendu ou une hypothèse qui ne me satisfait pas. Alors *je me questionne*. Ce qui peut me donner *des idées*. Si je trouve une idée et si l'hypothèse paraît satisfaisante, il faut que je la démontre. Je me mets à la tâche, *je cherche*. La réponse survient parfois comme *une illumination* sans que je m'y attende. Il reste à *vérifier* que ma démonstration est fiable.

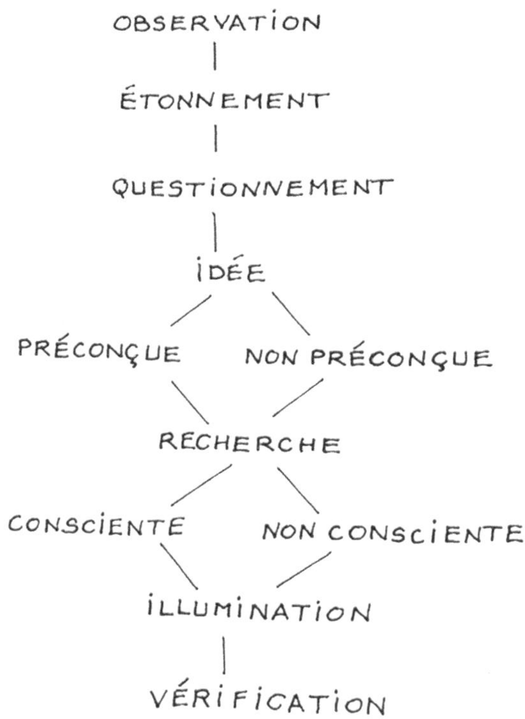


Les principales étapes du processus de découverte

La démarche qui consiste à disséquer les différentes phases qui conduisent à la découverte est louable, mais, il faut le dire d'emblée : l'éclair de génie reste indispensable, et mal expliqué. Il en est de Léonard de Vinci et d'Albert Einstein pour la créativité ce qu'il en est pour le sport de ces sprinters qui courent le 100 m en moins de 10 secondes. Le talent est naturel, la manière est apprise.

## Tout commence par l'étonnement

Il y a toujours de la surprise en recherche. On s'étonne devant ce qu'on observe, parce que c'est intrigant ou trivial, ou contraire au bon sens, ou peu satisfaisant pour l'esprit. Si l'on s'étonne, on peut rester inerte, mais on peut aussi se poser des questions. L'étonnement suscite la curiosité, celle surtout de savoir « comment » ça marche, plutôt que « pourquoi » ça marche. Cet étonnement surgit parfois avec une idée préconçue.

### *L'étonnement avec idée préconçue : la découverte de Galilée*

Nous sommes en 1610. Galilée est professeur de mathématiques à l'Université de Padoue. Il connaît les travaux de Copernic qui pensait que la Terre était ronde et tournait autour du Soleil. Galilée est convaincu. C'est un chercheur acharné. En travaillant aux côtés d'ouvriers du verre, il met au point une lunette astronomique qui grossit… sept fois. À l'aide de cette lunette, il regarde la planète Jupiter. Par hasard, il observe des petits points brillants qui se déplacent, disparaissent, puis réapparaissent, comme s'ils tournaient autour de la planète. Il répète ses observations : les points brillants tournent bien autour de Jupiter. Il en est certainement de ces satellites et de Jupiter ce qu'il en est de la Terre et du Soleil. Copernic avait raison, ce n'est pas le Soleil qui tourne autour de la Terre, c'est le contraire ! Galilée exulte. Il vient d'accomplir une des plus grandes révolutions scientifiques de tous les temps.

D'où vient l'étonnement de Galilée ? Son étonnement provient de l'inadéquation qu'il constate entre ce qu'il observe et ce qui est enseigné. C'est une découverte inattendue certes, mais qui ne fait que confirmer son pressentiment. Sa découverte est donc fondée sur une idée préconçue.

L'étonnement surgit parfois sans idée préconçue, à propos d'une observation fortuite. C'est par exemple le cas d'une autre découverte, plus modeste il est vrai : la mise en évidence des neurones « miroirs ».

*La découverte sans idée préconçue des neurones miroirs*

L'expérience se déroule à Parme, dans les années 1990. Un scientifique cherche à identifier les neurones qui s'activent dans le cerveau d'un animal, un singe qui manipule des objets. Lorsque le chercheur donne une cacahuète à l'animal pour le récompenser, certains neurones du cortex cérébral s'activent, ce qui est attendu. À la fin de l'expérience, Giacomo Rizolatti, car tel est son nom, s'arrête pour prendre un sandwich. Chaque fois qu'il met son sandwich à la bouche, le même neurone entre en action chez le singe.

Rizolatti s'étonne : les mêmes neurones s'activent lorsque l'animal attrape la nourriture qui lui est offerte et lorsqu'il voit l'examinateur qui effectue le même geste. Tout se passe

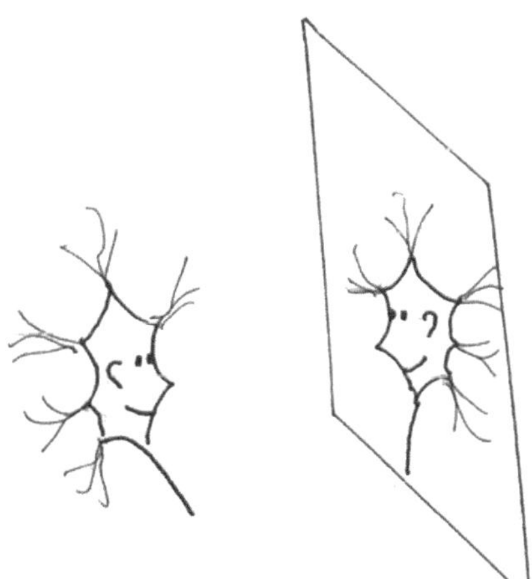

Dans cette expérience, l'illumination n'est pas venue confirmer une idée préconçue ou répondre à un questionnement, comme c'est le cas pour le mathématicien qui veut démontrer un théorème ou le physicien qui cherche une nouvelle particule. L'idée nouvelle a surgi à propos d'une observation inattendue, sans idée préconçue.

donc comme si, dans le cerveau, ce neurone donnait une représentation de ce que fait l'autre, comme si les neurones permettaient d'inférer ce qui se passe dans le cerveau de l'autre. Si tel est le cas, ces neurones « miroirs », c'est ainsi qu'on les appelle, devraient pouvoir rendre compte de phénomènes tels que l'empathie, l'apprentissage qui se fait par imitation, la compréhension entre les gens.

### Les neurones miroirs et l'empathie

La découverte des neurones miroirs permet d'imaginer ce qui se passe dans la tête de l'autre : le premier pense à une bouteille, le second pense que le premier pense à une bouteille.

Que l'idée soit préconçue ou non, cela fait-il une différence ? En fait, que l'étonnement soit la conséquence d'une idée préconçue qui confirme une hypothèse, comme c'est le cas pour la découverte de Galilée, ou que l'étonnement soit sans idée préconçue, débouchant sur une idée nouvelle, comme dans le cas de la mise en évidence de neurones miroirs, il n'y a probablement pas de différence fondamentale. Parce que, comme le dit Claude Bernard dans son *Introduction à l'étude de la médecine expérimentale* (1865), «on ne conçoit jamais une question sans l'idée qui sollicite la réponse». Cependant, le fait de s'étonner en présence d'un fait nouveau comme dans ces deux exemples ne suffit évidemment pas pour conduire à une découverte scientifique. En quoi la capacité d'étonnement est-elle la base indispensable de toute pensée scientifique?

## Rien ne sert de s'étonner, il faut encore se questionner

L'étonnement, c'est l'apparition soudaine d'unc idée nouvelle ou inattendue. C'est une émotion, une surprise, mais une surprise qui est ensuite prise en charge par la raison. Si je ne suis pas étonné, c'est que je ne fais que confirmer ce que je savais. Si je m'étonne, j'ai besoin d'une explication. Car, s'il est important de s'étonner, encore faut-il que mon étonnement serve à quelque chose, qu'il m'amène à un questionnement.

C'est ce que nous allons voir avec l'exemple d'un effet secondaire thérapeutique qui a permis de suggérer l'existence d'un circuit neuronal complexe, support matériel d'une émotion redoutée, la dépression.

## La mise en évidence chez l'homme d'un circuit neuronal de la dépression

Madame L, qui souffrait depuis longtemps d'une maladie de Parkinson difficilement contrôlable par les médicaments, fut traitée par mise en place d'une électrode dans la profondeur du cerveau. L'extrémité de chaque électrode fut introduite dans une zone restreinte des noyaux gris centraux (quelques millimètres cubes). Un courant de faible intensité était produit à l'extrémité des électrodes, reliées à une pile placée sous la clavicule, à l'aide de fils électriques passant sous la peau. Le résultat fut spectaculaire, puisque la patiente reprit une existence quasiment normale. Pour tenter d'améliorer encore l'état clinique, les effets de la stimulation électrique furent évalués par tâtonnements, en essayant plusieurs combinaisons. Pour l'une de ces combinaisons, la patiente devint soudain perplexe, puis se mit à pleurer: «J'en ai marre de la vie… je suis désespérée… je ne veux plus vivre… je suis dégoûtée de la vie…» La stimulation fut instantanément interrompue, et cet état dépressif sévère disparut en quelques secondes chez une patiente à nouveau soulagée.

En présence de cet effet indésirable insupportable, inattendu, le bon sens médical invitait à se dire: «Il s'agit d'un effet indésirable sévère, n'en parlons plus.» Mais on pouvait aussi se dire que le fait de provoquer une émotion aussi intense et subtile qu'un changement d'humeur dans quelques millimètres cubes de cerveau est extraordinaire en soi. Comme on sait que c'est le cerveau qui produit les émotions, on pouvait aussi se poser la question du mécanisme responsable de cette dépression sévère et transitoire.

Avec l'accord de la patiente, cette dépression transitoire fut reproduite à l'identique, et l'activité métabolique du cerveau fut enregistrée à l'aide d'une caméra à positons (qui permet de détecter une augmentation ou une diminution de l'activité des neurones). De fait, le contact de l'électrode qui entraînait la dépression (et non pas le contact thérapeutique qui entraînait l'amélioration clinique) était situé au sein d'un circuit nerveux véhiculant l'ensemble des émotions (depuis ce petit noyau de neurones jusqu'au «centre» émotionnel du cortex frontal). Tout se passait donc comme si un programme de dépression était déclenché par la stimulation d'un ensemble de circuits jouant un rôle dans la genèse et le contrôle de l'humeur. Il va de soi que la stimulation électrique du plot thérapeutique fut instantanément reprise, entraînant une excellente amélioration de l'état clinique de la patiente, qui fut fort satisfaite[1].

Le cas de Mme L mit en évidence un effet indésirable inattendu, qui a étonné. Le questionnement qui s'ensuivit permit de soupçonner qu'il y a dans le cerveau des circuits de neurones qui véhiculent sélectivement les informations émotionnelles. Grâce à une patiente intelligente et bienveillante, l'hypothèse fut confirmée: il existe bien dans le cerveau de l'homme des circuits qui véhiculent ses émotions, même dans les régions les plus profondes du cerveau et les plus anciennes au cours de l'évolution.

---

L'étonnement, c'est donc l'émotion liminaire qui appelle la question et conduit à faire des hypothèses. Le scientifique ne se dit pas «c'est comme ça parce que c'est comme ça»,

1. Boulos-Paul Bejjani *et al.*, «Transient acute depression induced by high-frequency deep-brain stimulation», *New England Journal of Medicine*, vol. 340, n° 19, 1999, p. 1476-1480.

comme l'assènerait le représentant d'un dogme. Il cherche à savoir pourquoi « c'est comme ça ». Autrement dit, la capacité d'étonnement est inhérente à la pensée scientifique. Ce n'est pas nouveau, Aristote le disait déjà : « Le commencement de toutes les sciences, c'est l'étonnement de ce que les choses sont ce qu'elles sont. » On peut même définir la science comme une série d'étonnements qui se succèdent au rythme des expériences.

Quand le scientifique s'étonne, qu'il confirme l'idée qu'il avait en tête ou qu'il découvre par hasard une idée nouvelle, il faut qu'il croie à l'hypothèse qui émerge dans son cerveau, et qu'il y croie même avec passion. C'est une croyance particulière que celle du scientifique : une croyance fondée sur la raison et non pas une raison fondée sur une croyance. Mais, si le scientifique est obstiné dans ses convictions, en même temps, il a l'esprit ouvert : il écoute, il veut savoir, il sait s'affranchir des routines et des *a priori*, il s'ouvre vers les idées nouvelles, parfois même avec ingénuité, avec candeur. C'est pour cette raison que le scientifique est toujours capable de s'étonner. Aussi ne faut-il pas s'étonner que les scientifiques, qui passent leur temps à s'étonner, s'étonnent toujours que les autres ne s'étonnent pas.

Notre scientifique s'est étonné. Il s'est posé des questions. Or, une fois la question posée, il est nécessaire d'y répondre.

## Comment vient l'idée qui mène à la découverte ?

### *Exceptionnellement, l'idée vient par hasard*

> « On n'est jamais à l'abri d'un coup de bol », Gérard Berry.

Tous les scientifiques le savent : il faut de la chance pour faire une découverte. Ainsi de la recherche de la route des épices qui a conduit à découvrir l'Amérique. Le hasard d'une lecture, une communication scientifique inattendue, l'acquisition d'un appareil qui montre ce qu'il était impossible de voir auparavant... C'est classique, on ne trouve que ce qu'on ne cherche pas. Parmi les innombrables exemples figure la découverte des rayons X, dans les années 1870, par Wilhelm Röntgen qui, faisant des expériences sur les propriétés de l'électricité, observa une tache brillante sur une plaque photographique située à distance. Il aurait pu se dire : « C'est un artefact », non, il s'est dit : « Comment cela est-il possible ? » Il recommença l'expérience à plusieurs reprises en plaçant entre son dispositif électrique et la plaque photographique des éléments de densité croissante... La plaque permettait d'observer ces objets ; par exemple, le squelette de la main de son épouse : première radiographie d'un être vivant. Époustouflante, la découverte des rayons X qui a bouleversé la pratique médicale il y a cent cinquante ans n'aurait pas été possible sans un coup de chance.

Le hasard peut même provoquer une rupture philosophique majeure, comme ce fut le cas avec la première synthèse de l'urée.

### Une découverte accidentelle de la synthèse chimique de l'urée

Jusqu'au début du XIXe siècle, les chimistes pensaient que la structure des composés d'un organisme vivant était trop complexe pour que l'homme puisse les synthétiser. Vers 1828, un chimiste allemand de vingt-huit ans, Friedrich Wöhler, parvint à synthétiser une substance sécrétée par l'homme, l'urée, composé organique qui était jusqu'alors extrait à partir de l'urine, en portant à ébullition une solution de cyanate d'ammonium, un réactif inorganique. « Je peux faire de l'urée sans avoir besoin des reins ou même d'un animal, fût-il homme ou chien », disait-il. La preuve était faite que, sans l'intervention d'un organisme vivant, on pouvait synthétiser un composé organique à partir d'un composé qui lui ne l'était pas.

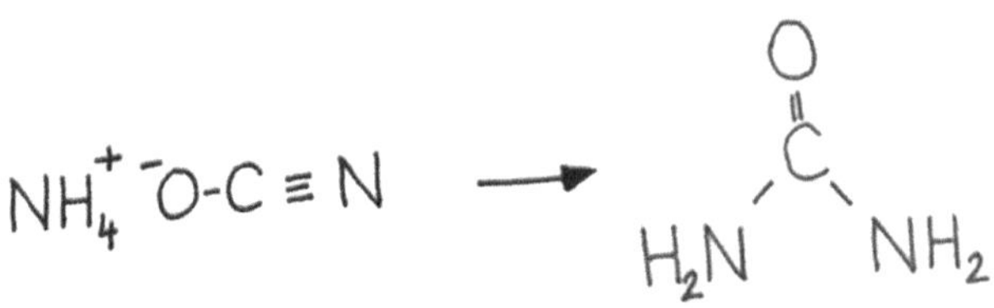


Cette découverte strictement accidentelle eut un retentissement philosophique considérable, puisqu'elle remettait en cause la théorie en vigueur du « vitalisme », selon laquelle le vivant ne pouvait être réduit aux lois de la matière et dépendait d'une force vitale de nature mystérieuse. La chimie organique était vraiment née. Cependant, il fallut attendre Louis Pasteur (1822-1895) pour invalider définitivement l'hypothèse de la génération spontanée, en montrant que l'apparition des vers de farine n'était pas spontanée mais due à la présence de larves microscopiques qui n'avaient pas été détectées.

---

Cependant, l'idée était-elle vraiment apparue par hasard (hasard vient de *az-zahr*, jeu de dés en arabe) ? Dire qu'une découverte s'effectue par chance « équivaut à dire qu'il y a des effets sans causes[1] ». En réalité, il y a des causes, comme dans le fameux exemple que prend Spinoza de la tuile tombée d'un toit sur la tête d'un passant (une quantité inouïe de causes ont abouti à la chute de la tuile et au passage du passant au même moment), mais les causes sont trop nombreuses, trop aléatoires pour être anticipées. Tout le monde le sait, à l'instar de Louis Pasteur, « la chance ne sourit qu'aux esprits préparés » : l'idée qui vient apparemment par chance n'apparaît qu'à condition d'éclairer une pensée qui avait été longuement réfléchie. On parle aujourd'hui de sérendipité (le mot vient de *Serendip*, un ancien nom du Sri Lanka pour désigner un prince de conte oriental)[2]. Qu'il s'agisse d'une nouvelle espèce d'insecte capturé dans un filet à papillons ou de la découverte des manuscrits de la mer Morte, il y a toujours préalablement une recherche, même si celle-ci est implicite : notre entomologiste était bien muni d'un

1. Voir Didier Roux, « Conclusions : découvreurs, inventeurs, innovateurs », cours au Collège de France, 2017.
2. A. Comte-Sponville, *Dictionnaire philosophique*, *op. cit.*

filet à papillons, ce qui indique qu'il avait prévu d'aller à la recherche d'insectes ; de même en 1947, contrairement à la légende, le premier manuscrit de la mer Morte n'a-t-il pas été trouvé par hasard quand un jeune bédouin a soulevé une pierre qui bouchait l'entrée d'une grotte, car ce dernier était bel et bien à la recherche d'antiquités... L'exemple le plus célèbre de ces faux hasards dans la genèse de la découverte est celui d'Alexander Fleming.

### La saleté facilite les découvertes...

Le 3 septembre 1928, Fleming, qui travaillait sur un staphylocoque particulièrement virulent, revient dans son laboratoire après quelques jours de vacances. Sur une paillasse traîne une boîte de culture apparemment pourrie. Tout chercheur l'aurait normalement mise à la poubelle. Lui décide de jeter un coup d'œil : la boîte a été contaminée par un champignon de l'espèce Penicillium Rubens, mais, surprise, le staphylocoque ne s'est pas développé à proximité de la moisissure. La moisissure a détruit le microbe. S'ensuivit une révolution thérapeutique pour le traitement de nombreuses infections mortelles, lorsque la pénicilline fut produite à grande échelle (1940).

Est-ce que le mérite de Fleming était seulement de ne pas avoir négligé cette observation comme il le dit avec modestie en recevant son prix Nobel en 1945 ? Probablement pas, car, quelques années plus tôt, il avait fait une expérience voisine : il avait découvert une enzyme bactéricide, le lysozyme, en remarquant que les bactéries avaient disparu après qu'il eut éternué sur la boîte de culture...

*Le plus souvent l'idée ne vient pas par hasard*

S'il ne veut pas prendre une mauvaise direction au départ (on veut aller de Paris à Nice et on se retrouve bêtement à Châtel-Guyon), le chercheur doit choisir une option, qui peut être raisonnable ou non.

Dans la plupart des cas, l'option du scientifique est raisonnable. Il est apparemment illusoire de chercher une idée de recherche à partir de rien. Les idées ne peuvent naître que sur la base de l'état des connaissances du moment. De plus, la science est contrainte. Les conditions expérimentales sont imposées, un peu comme sont imposés les canons de la danse classique. Aussi lorsque le chercheur fait un choix, il le fait en se fondant sur une option connue, d'après l'expérience passée.

1 a une nouvelle idée. 2 a l'idée qu'il n'a pas d'idée.

Il commence par la pratique, le concret, l'observation et cherche une raison, une explication. C'est souvent le cas des cliniciens, et la découverte de la cause du typhus en offre un bon exemple.

### Le raisonnement logique : la cause du typhus

Charles Nicolle (1866-1936), prix Nobel en 1928, était médecin. Dans les années 1900, il est nommé directeur de l'Institut Pasteur de Tunis. À l'époque, l'hôpital musulman de Tunis recevait de nombreux malades atteints de typhus, affection extrêmement contagieuse, souvent mortelle. Mais, curieusement, en dépit de la promiscuité dans les salles d'hospitalisation, une fois hospitalisés les malades n'étaient plus contagieux. Charles Nicolle raconta qu'en arrivant un matin il enjamba le corps d'un malade mort devant le seuil de l'hôpital, puis entra : « C'est à ce moment précis que je suis touché par la lumière... [Je vois] un malade dépouillé de ses vêtements, de son linge, rasé, lavé. C'était donc quelque chose d'étranger à lui, qu'il portait sur lui, dans son linge, sur sa peau, qui causait la contagion. Ce ne pouvait être que le pou. C'était le pou. » Il restait à le prouver, mais « l'évidence était si forte qu'il m'était impossible de m'intéresser à l'expérience », ce qui l'amena à rédiger la communication scientifique avant même d'avoir terminé les expérimentations[1].

Cette histoire de découverte indique que, au moment où l'illumination jaillit (« le pou »), le découvreur est conscient, sinon il ne s'en rendrait pas compte. En revanche, lorsque cet homme est « touché par la lumière », est-ce le résultat d'un raisonnement conscient instantané (le malade va mieux parce qu'on l'a débarrassé de ses poux, donc il était malade quand il était habillé, donc...), ou n'est-ce que l'émergence brutale de la solution après un raisonnement non conscient ? Charles

1. Voir Pierre Buser, Claude Debru et Andreas Kleinert, *L'Imagination et l'intuition dans les sciences*, Paris, Hermann, 2009.

Nicolle pensait que « l'acte de découverte est un accident », indépendant de la logique et de la raison…

---

L'avantage de la raison, c'est la robustesse de la science reposant sur une méthode fiable. Le désavantage, c'est le risque de banalité, car il est difficile de sortir des sentiers battus. Ce peut être une observation fortuite, dans sa propre discipline ou dans une autre, pour les plus érudits, qui permet de changer d'hypothèse. Cet inattendu, il faut aussi savoir aller le chercher. La chasse à l'imprévu, c'est le signe qui ne colle pas à l'hypothèse, le commentaire d'une publication qui intrigue, le « point en dehors de la courbe ».

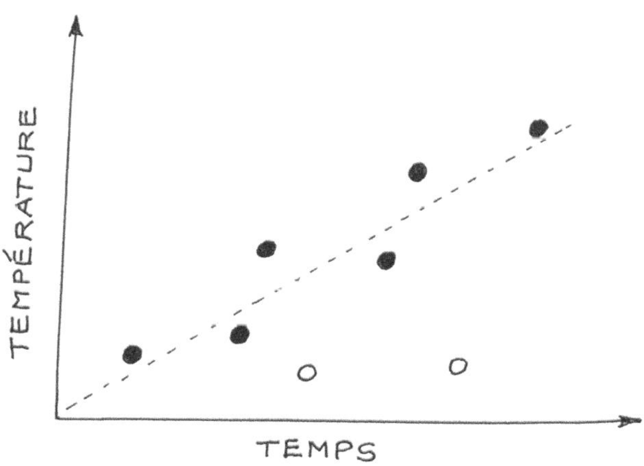


Dans l'expérience ci-dessus, l'alignement des points noirs semble indiquer que plus le temps passe, plus la température augmente. Cependant, comment interpréter la présence des points blancs? Il peut s'agir d'un artefact expérimental, mais si, par hasard, ce sont les points blancs qui sont corrects et non les points noirs, le scientifique se trouve dans l'embarras.

Le scientifique est souvent frustré, car les expériences ne réussissent pas toujours : protocole mal conçu, erreur de manipulation, raisonnement biaisé ? Comment s'en sortir ? Là, au milieu des graphiques et des notes de laboratoire, on se « creuse la tête », on se force, on s'acharne. On se remet à sa table de travail, on s'énerve, on s'en veut. On se réunit : pourquoi cela n'a pas marché ? Il est hors de question de refaire l'expérience si on ne comprend pas pourquoi elle a échoué, au risque de refaire la même erreur. On discute du déroulé de l'expérience, étape par étape. C'est souvent une erreur minuscule qui est à l'origine du désastre. Soudain, quelqu'un pose « la » question qui permet de mettre le doigt sur l'erreur. On peut alors refaire l'expérience, et cette fois-ci ça marchera.

Il arrive parfois, c'est plus rare, que l'option du chercheur pour trouver une idée de recherche soit incertaine, voire déraisonnable. C'est le cas lorsqu'un scientifique se dit : « Et si ça ne se passait pas comme ça ! » Celui-là pense différemment, il n'hésite pas à proposer une hypothèse improbable. Il part de l'existant pour le réfuter, car les théories présentes lui paraissent insuffisantes. L'avantage est qu'il pose des questions capitales, dont on sait que peu sont capables de les résoudre. C'est le cas des grandes découvertes comme la loi de la gravitation universelle ou la théorie de la relativité générale. Le désavantage, c'est le risque, car, plus l'hypothèse est ambitieuse, plus la mise en œuvre scientifique est difficile, et plus la réponse est incertaine, approximative. Elle peut même être fausse si elle est fondée sur la seule idéologie. Découverte implique pragmatisme, car, comme le disait Jean-Martin Charcot, « la théorie c'est bon, mais cela n'empêche pas les choses d'exister[1] ».

Pourquoi les chercheurs ne se posent-ils pas seulement des questions ambitieuses ? Quant à ceux qui se concentrent sur les questions ambitieuses, pourquoi le font-ils ? Certains doivent avoir de grandes aspirations intellectuelles pour anticiper ainsi de telles découvertes. Pour d'autres, c'est une disposition intellectuelle de principe : l'esprit de contradiction qui amène à se faire systématiquement l'avocat du diable, le plaisir d'évoquer des hypothèses *a contrario*. Il faut certainement du courage pour viser haut. Observer un phénomène inhabituel est banal, lui accorder de l'importance n'est pas dans les habitudes. Si telle ou telle expérience ne se passe pas comme on l'avait prévu, il n'est pas évident d'imaginer comment elle pourrait se passer. Et, une fois l'idée clairement conçue, il reste à la mettre en œuvre expérimentalement, ce qui n'est pas toujours possible au regard des méthodes disponibles. Cependant, une expérience techniquement simple peut changer la face de la pensée scientifique. Par exemple, les fameuses expériences d'Evangelista Torricelli (1608-1647), reproduites par Blaise Pascal (1623-1662), ont montré que la nature n'a pas horreur du vide.

1. Sigmund Freud, « Charcot », *Résultats, idées, problèmes*, I, Paris, Presses universitaires de France, 1998.

### La démonstration de la pression atmosphérique

L'aphorisme d'Aristote « la nature a horreur du vide » n'a plus de sens aujourd'hui, puisqu'on sait que l'univers, composé à plus de 99,9 % de vide, n'a pas tendance à être comblé par quelque particule que ce soit. Mais ce n'était pas une évidence pour les Anciens. La réfutation de la proposition d'Aristote commence dans les années 1640 avec Torricelli, qui montre que le mercure placé dans un tube de 1 m de long, renversé sur une cuve de mercure, se stabilise à une hauteur de 76 cm. Mais c'est Pascal, âgé de vingt ans, qui montra, à l'aide de son beau-frère, que cette stabilisation de la hauteur du mercure est bien due à la pression atmosphérique. En refaisant l'expérience de Torricelli à basse altitude (Clermont-Ferrand, 358 m), puis au sommet du Puy-de-Dôme où l'air se raréfie (1 465 m), il constata une baisse du niveau de mercure, confirmant que c'est bien la pression atmosphérique qui est responsable de la hauteur du mercure.

Il s'agit d'une incroyable hypothèse pour l'époque, d'une démonstration expérimentale simple et astucieuse, d'une conclusion révolutionnaire (par la mise en évidence de la pression atmosphérique) et d'une avancée philosophique considérable (le vide n'est pas le néant).

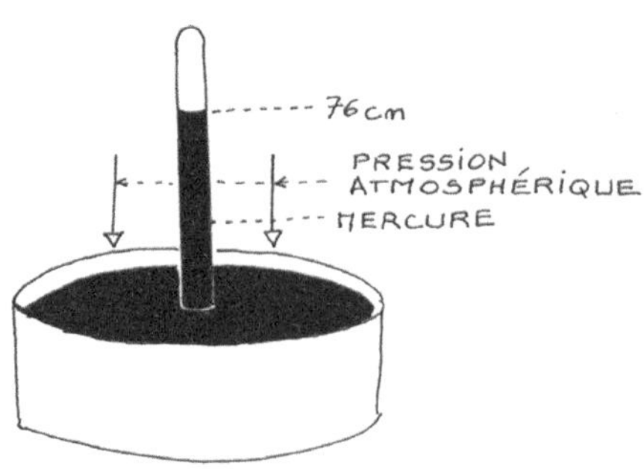

Cependant, il ne suffit pas d'être déraisonnable pour faire une grande découverte. Et, si la question scientifique est insignifiante, c'est encore plus ennuyeux!

En un mot, explorer des options aux issues incertaines est plus créatif mais plus risqué. D'un autre côté, choisir l'option la plus probable n'est pas nécessairement le meilleur parti, car elle peut être entachée d'erreurs de raisonnement sans qu'on en ait conscience[1]. C'est ce qui explique que le scientifique créatif n'hésite pas à prendre des risques. Il est certes grisé par l'audace, mais se lancer dans l'inconnu reste angoissant.

Il peut même arriver que le raisonnement qui conduit à la découverte soit faux.

### Une découverte à partir d'une idée fausse?

Voici l'histoire du physicien Johann Schweiger (1779-1857), qui fut le premier à mesurer l'intensité d'un courant électrique; pour ce faire, il plaça une aiguille aimantée à l'intérieur d'une bobine (auparavant la seule mesure possible s'effectuait sur la préparation de cuisses de grenouille). Cette découverte, qui est à l'origine du galvanomètre, conduira à la théorie de l'électromagnétisme du physicien James Clerk Maxwell et au moteur électrique construit par Michael Faraday. Or Johann Schweiger était un spécialiste de la mythologie grecque. Selon lui, les Grecs connaissaient l'électricité et le magnétisme, mais

1. Charles Findling *et al.*, « Computational noise in reward-guided learning drives behavioral variability in volatile environments », *Nature Neuroscience*, vol. 22, n° 12, 2019, p. 2066-2077.

aussi leur interaction. À l'appui de cette affirmation, il se fonde non pas sur des textes (car, disait-il, ces révélations devaient rester secrètes), mais sur des allégories, et plus particulièrement celle des frères Castor et Pollux, les Dioscures... Ces derniers étaient, pensait-il, le symbole de la polarité électrique et magnétique. La preuve en est que les deux étoiles qu'on aperçoit au-dessus de la tête des deux frères sur certaines médailles les représentant figurent l'étincelle électrique qui jaillit quand on approche deux pôles électriques opposés : les deux frères inséparables représentent les deux pôles d'un aimant[1] !

---

En réalité, et heureusement, les idées n'apparaissent pas de façon aussi binaire. Parfois, il n'y en a pas, parfois, il y en a trop. Dans ce cas, la difficulté n'est pas d'avoir trop d'idées neuves, mais de fuir les mauvaises. Il est d'autant plus difficile de tirer une conclusion générale que les idées de recherche sont différentes d'une discipline à l'autre. Les questions ne seront pas les mêmes pour un paléontologue qui découvre un nouveau fossile, pour un mathématicien qui découvre un nouveau théorème ou pour un neurobiologiste qui découvre une nouvelle cible pharmacologique. Que les idées soient issues d'observations forcées ou fortuites, de questionnements ambitieux ou non, de mise en cause des idées reçues ou de fausses interprétations, il faut, dans tous les cas, construire la recherche.

1. Andreas Kleinert, « Une découverte scientifique inspirée par la mythologie : le cas du multiplicateur de Schweigger », in P. Buser, Cl. Debru et A. Kleinert, *L'Imagination et l'intuition dans les sciences*, *op. cit.*

## La recherche : une construction laborieuse, consciente et subconsciente

L'activité de recherche est une construction, une construction longue, laborieuse, souvent décourageante. « L'activité scientifique est une activité de construction plutôt que de découverte : construction de modèles qui doivent être adéquats et non découverte de la vérité à propos d'une réalité inobservable[1]. » C'est comme une pêche en eaux troubles. Parfois, c'est plutôt comme chercher la pièce du puzzle qui permet de voir l'image à reconstituer, mais pas toujours. Il n'y a pas de règle. Ainsi va la science, qui est une accumulation d'innombrables expériences s'échelonnant dans le temps. Mais il ne suffit pas d'accumuler des expériences pour faire des découvertes, car, comme disait Henri Poincaré : « Une accumulation de faits n'est pas plus une science qu'un tas de pierre n'est une maison. »

Certains, souvent les meilleurs, s'accrochent alors à l'hypothèse qu'ils ont formulée et feront tout pour la démontrer envers et contre tous. L'exemple le plus connu est celui de la découverte du code des hiéroglyphes par Jean-François Champollion, incroyable érudit qui commença à étudier la pierre de Rosette en 1808, à l'âge de dix-huit ans, et qui

1. Jacques Bouveresse, « Une épistémologie réaliste est-elle possible ? », in J.-P. Changeux, *La Vérité dans les sciences*, Paris, Odile Jacob, 2003.

trouva la clé du déchiffrement de cette écriture inconnue en 1822. Nous en avons une illustration plus récente avec la découverte du vaccin contre le virus Covid-19.

## La découverte du vaccin à ARN : la scientifique qui lutte, qui chute, qui réussit

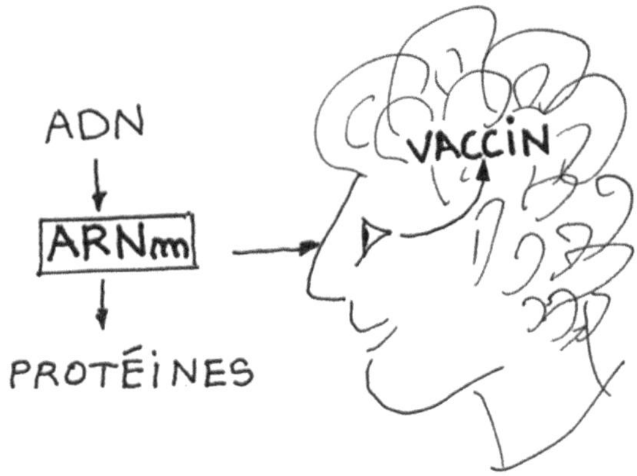


Katalin Karikó nous donne l'exemple, parmi d'autres, d'une découverte quasi monomaniaque fondée sur le courage et la persévérance.

Tout débute en 2005. Une scientifique d'origine hongroise, Katalin Karikó, a passé sa vie à travailler sur une molécule, l'ARN. Émigrée aux États-Unis, elle rencontra un immunologiste, Drew Weissman, qui la convainquit d'utiliser son savoir-faire pour produire un vaccin. Ces substances que l'on inocule à une personne pour l'immuniser contre une maladie sont habituellement constituées de microbes, de protéines, d'ADN. *A priori*, aucune raison de collaborer avec

Madame K, qui est une spécialiste de l'étude de l'ARN messager (ARNm), une substance qui, dans la cellule, permet à l'ADN de fabriquer des protéines et ne devrait donc pas être envisagée comme support de vaccin. Depuis les années 1985, cette scientifique n'a rencontré que suspicion, voire moquerie, chaque fois qu'elle exposait son projet d'utiliser l'ARNm comme moyen thérapeutique, en particulier parce que la molécule se dégrade rapidement et crée des réactions inflammatoires. Pour empêcher cette dégradation, la chercheuse s'est acharnée à modifier la molécule d'ARNm à l'aide de diverses combinaisons chimiques. «Être tenace n'est pas s'entêter», dit-elle après avoir été rejetée par bon nombre de laboratoires. Pourtant, au bout de trente ans, ses recherches aboutirent à la création d'un vaccin contre le virus Covid-19, avec le succès planétaire que l'on connaît.

---

En recherche, il faut du courage et de la persévérance, car les scientifiques concurrents ne sont pas toujours tendres. Les chercheurs les moins chanceux risquent de passer le restant de leur existence à tenter de démontrer une hypothèse fausse, à moins que, quelques décennies plus tard, on ne redécouvre la découverte. Ce fut notamment le cas pour Gregor Mendel, dont la recherche sur les hybrides végétaux, en l'occurrence les petits pois, publiée en 1866 dans un obscur journal de langue allemande, n'avait suscité aucun enthousiasme. Un autre exemple de courage, montrant que l'innovation permet une avancée scientifique majeure, fut l'aventure du *Kon-Tiki*.

## Le peuplement des îles polynésiennes : à partir de l'Amérique du Sud ?

Comment les îles polynésiennes ont-elles été peuplées? Persuadé qu'il s'agissait d'une migration issue d'Amérique du Sud, l'anthropologue norvégien Thor Heyerdahl décida en 1947 de montrer que c'était possible. Il fit donc construire un radeau à voile, le *Kon-Tiki*, en assemblant des troncs d'arbres à l'aide de cordes, et il entreprit de traverser l'océan Pacifique. Son périple commença au Pérou, le 29 avril, pour se terminer plus de trois mois plus tard sur un atoll polynésien – un miracle, compte tenu des tempêtes, probablement du à l'absence de bastingage, ce qui permettait aux vagues de déferler sans endommager le radeau.

Il faut avoir du courage pour confirmer l'hypothèse, à savoir qu'une traversée de 7000 km est possible avec des moyens rudimentaires. Le succès de Thor Heyerdahl est aussi une manière de montrer le rôle de l'ingéniosité dans la recherche scientifique.

À l'opposé de ces coureurs de fond, les « touche-à-tout » abandonnent leur thématique de recherche dès qu'il y a une difficulté. Toujours « papillonnant », ils effleurent l'important et s'accrochent au superflu. Attention, cela arrive aussi aux plus grands, tel Claude Bernard qui disait qu'il trouvait ce qu'il ne cherchait pas, à la différence de ceux qui trouvent ce qu'ils cherchent (il parlait du physiologiste allemand Hermann von Helmholtz). Il avait l'habitude de faire beaucoup de choses à la fois, de les abandonner et de les reprendre. Loin d'être fixée, sa pensée continuait à courir en liberté. Les expériences sur le curare sont un exemple révélateur.

### Le talent : Claude Bernard découvre le mécanisme d'action du curare

En 1844, Bernard utilise des flèches enduites de curare reçues d'Amérique sur divers animaux et note que, si elles pénètrent l'animal, ce dernier est paralysé. Après stimulation du nerf afférent, les muscles sont paralysés, mais ils conservent leur contractilité. Où et comment le curare agit-il donc ? Après plusieurs années d'interprétations diverses, le chercheur aboutit à la conclusion que le curare ne peut agir que sur les plaques terminales des nerfs moteurs. Pour vérifier son hypothèse, il fait toutes les expériences concevables. Par exemple, il administre le curare à une grenouille dont il ligature les vaisseaux de la patte en laissant le nerf intact, de façon à s'assurer que le curare n'agit pas par voie sanguine. Au terme d'une autre expérience, il montre qu'une préparation nerveuse plongée dans une solution de curare avec stimulation du bout du nerf ne se contracte pas ; en revanche, le muscle excité électriquement par stimulation du bout du nerf trempé dans une solution de curare se contracte.

Claude Bernard était loin d'être un touche-à-tout, il avait seulement l'incroyable capacité de penser à plusieurs questions à la fois, mais aussi de mettre en œuvre les expériences avec la rigueur qui l'a amené à proposer les fondements de la méthode expérimentale[1].

---

L'exemple de Claude Bernard montre qu'il y a deux façons de faire : s'acharner en pleine conscience ou laisser « décanter » les choses, en mettant le sujet de côté. Ces deux phases, « consciente » et « subconsciente », ne sont pas exclusives l'une de l'autre ; bien au contraire, elles sont complémentaires.

*La découverte se fait rarement en toute conscience*

L'idée de faire une découverte sans en être conscient paraît saugrenue. La recherche commence toujours par une phase de conscience, pour s'engager ensuite dans un cheminement qui exige de la concentration, du courage, de la persévérance, de l'endurance. On pourrait même dire que plus la découverte est importante, plus le parcours qui y mène est long et ardu (des siècles pour la loi de la gravitation universelle, des décennies pour trouver l'ADN, quelques minutes pour faire un diagnostic). Le temps de la découverte est bref pour répondre à des questions scientifiques simples du type : si

1. Claude Debru, « Le rôle de l'imagination dans l'expérimentation physiologique : Claude Bernard et le curare », in P. Buser, Cl. Debru et A. Kleinert, *L'Imagination et l'intuition dans les sciences*, *op. cit.*

A = B, et si B = C, C = A. Il est long pour aborder des problèmes comportant des éléments peu prévisibles (si tout est prévu à l'avance, où serait la découverte?), qui dérangent ou qui sont contre-intuitifs. Ce délai n'est pas toujours facile à supporter pour le chercheur qui travaille sur le même sujet depuis des années et qui est conduit à remettre en question ses propres convictions.

La recherche est ici le contraire de la facilité, du train-train quotidien; le contraire du savoir-faire appris et surappris, lequel, qu'il soit technique ou conceptuel, est certes indispensable, mais parfois bloquant. Il en va de même pour la créativité artistique: « Si on veut composer de la musique, on ne va pas passer sa vie à faire des gammes », disait mon ami André Comte-Sponville.

## Mais alors quelle est la signification du mot « conscience » ?

> « Il y a de l'ordre de 20 000 publications sur la conscience sans qu'il y ait de consensus. Il n'y a jamais eu dans l'histoire autant de gens qui se sont consacrés à ce sujet pour produire aussi peu », Michio Kaku.

Reconstruction du monde extérieur? Vécu mental de tous les instants? Perception de ces états internes? Représentation de ce que l'on pense? Une façon de rapporter à soi? Chacun y va de sa définition[1]. Quoi qu'il en soit, la conscience qu'on a du monde implique une perception suivie d'une inter-

1. Stanislas Dehaene, *Le Code de la conscience*, Paris, Odile Jacob, 2014.

prétation. Ce n'est pas une fonction mentale isolée. Si *Homo sapiens* ne se comporte pas comme une bête sauvage (en tout cas, c'est ce qu'il croit), c'est parce que sa conscience est elle-même chapeautée par une conscience d'elle-même, la métaconscience, qu'elle écoute et qui la contrôle. Telle est la raison pour laquelle l'homme a une éthique (ou du moins l'intention d'en avoir une). D'un autre côté, pour éviter que les perceptions qui nous assaillent en permanence ne nous rendent fous, cette conscience a le loisir de se mettre au repos sans qu'on ait besoin d'y prêter attention. La conscience est donc en interaction constante avec la subconscience, qui est la même chose que la conscience, mais sans qu'on s'en rende compte.

**La conscience, comment ?**

Quels sont les systèmes de neurones impliqués dans le processus de conscience ? On évoque classiquement deux processus.

1) La liaison ou *binding* est telle que, pour construire la représentation mentale d'un objet, il est nécessaire que plusieurs circuits de neurones soient associés, de sorte que la décharge électrique provenant des aires perceptives se complète d'une deuxième activité permettant la reconnaissance consciente (par un détour dans le cortex frontal, par exemple). Cette hypothèse est en parfaite cohérence avec ce que l'on sait des circuits de neurones qui unissent diverses aires cérébrales (le cortex dit « associatif »), de sorte que les différentes parties du cerveau s'informent les unes les autres. Le cerveau apparaît ainsi comme une machine à associer : une idée en

évoque plusieurs autres, qui en évoquent encore d'autres. L'association de ces diverses représentations mentales (idées, images, émotions) joue donc un rôle majeur pour produire des événements mentaux. Pour que ces diverses représentations mentales prennent du sens, il convient qu'elles soient liées entre elles de manière intelligente: elles associent, par exemple, des effets communs (virus et froid), des propriétés communes (tomate et couleur rouge) ou des catégories voisines (orange qui fait partie des fruits), etc. Ces associations sont utilisées quotidiennement dans la pratique clinique pour tester les facultés intellectuelles (par exemple: « Qu'ont en commun une orange et une poire? »).

2) La synchronisation de plusieurs aires cérébrales éventuellement distantes les unes des autres (la transmission des informations est facilitée quand les oscillations électriques sont synchrones). Pour assurer la sélectivité de la pensée, c'est-à-dire pour ne pas mettre en branle toutes les cellules nerveuses, le cerveau conscient semble agir en conjuguant les processus d'association et de synchronisation.

**La conscience, où?**

Au sein de la gigantesque complexité du cerveau, où s'effectuent l'intégration et la synthèse de toutes ces informations? Lors de la perception d'un objet ou d'un mot, le cortex spécialisé dans la perception correspondante, par exemple la vision, active d'abord l'aire de perception primaire, qui est visuelle dans notre exemple, soit la partie postérieure du cortex occipital, et les régions voisines, sans qu'on en soit conscient: on parle de perception subconsciente. Cependant, la prise de conscience de cet objet ou de ce mot ne s'effectue que 300 millisecondes plus tard, au moment où l'information a gagné les régions antérieures du cerveau, en particulier le cortex frontal[1].

### On ne prend pas conscience de tout ce qu'on voit

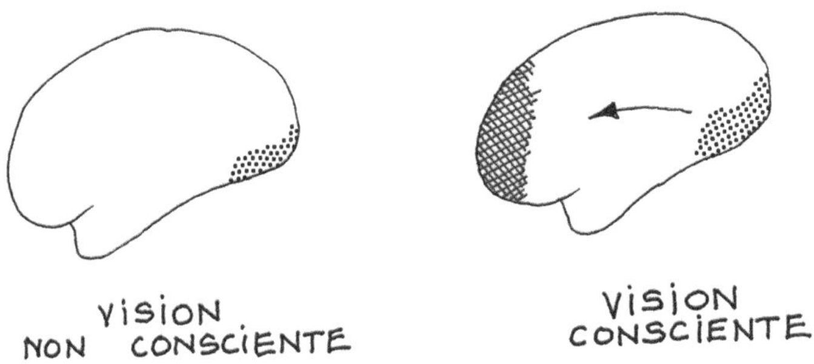


Lorsqu'une image est présentée pendant une durée brève (1/10 de seconde), le sujet ne voit pas l'image. Cependant, comme le montre une IRM fonctionnelle, l'aire visuelle occipitale (pointillés) est activée. Autrement dit, le sujet n'a pas conscience d'avoir vu l'image, mais son cerveau l'a vue. Lorsque l'image est présentée pendant une durée suffisamment longue (>1/10 de seconde), le sujet voit l'image et il en prend conscience. En IRM fonctionnelle, l'aire visuelle occipitale est activée plus intensément, mais, de plus, l'aire frontale, qui n'est pas activée dans la situation subconsciente, s'active inten-

1. Lionel Naccache et Stanislas Dehaene, « Unconscious semantic priming extends to novel unseen stimuli », *Cognition*, vol. 80, n° 3, 2001, p. 215-229.

sément (hachures). Ici, le cerveau a vu l'image et il en prend aussi conscience. En d'autres termes, on peut percevoir (ici dans l'aire visuelle), mais ne pas en avoir conscience. La prise de conscience de cette perception (ici la vision) implique la mise en jeu du cortex frontal.

---

En bref, les diverses perceptions (par les cinq sens) au sein des régions postérieures du cortex cérébral peuvent ne pas être prises en compte consciemment si elles sont trop brèves. Elles restent subconscientes. La prise en compte de ces perceptions par la conscience s'effectue avec retard dans la partie antérieure du cortex cérébral. Ce cortex frontal joue ainsi un rôle essentiel dans la prise en compte de notre environnement, ce qui explique la suprématie du cerveau humain par rapport à celui des autres animaux, en raison de son développement spectaculaire, puisqu'il représente plus du tiers du cortex chez l'homme.

Notre scientifique s'est étonné, il s'est posé une question, il a fait une hypothèse. Il est temps à présent de prendre la décision de confirmer son hypothèse.

**La prise de conscience est retardée**

Le fait que la prise de conscience d'une perception survienne de manière retardée par rapport à la perception initiale du cerveau est aussi vérifié pour ce qui est de la prise de décision. Il y a une quarantaine d'années, Benjamin Libet avait déjà suggéré qu'une décision délibérée pouvait être prise dans notre cerveau avant que nous en ayons conscience.

## Le cerveau décide tout seul : l'expérience de Benjamin Libet (1983)

Dans cette expérience, vous êtes placé devant une horloge qui égrène les secondes. Un bouton est placé devant vous sur lequel vous pouvez appuyer quand vous voulez. Vous devez seulement vous rappeler le nombre qui est indiqué sur l'horloge au moment où vous prenez la décision de presser sur le bouton. Pendant cette expérience, des électrodes sont placées sur votre crâne, pour enregistrer le début de l'activité électrique de votre cortex cérébral, et sur les muscles de votre doigt, pour enregistrer le début du mouvement. L'analyse prend en compte le moment où vous prenez la décision consciente d'appuyer sur le bouton, celui où vous appuyez sur le bouton et le début d'apparition d'une activité électrique dans votre cortex cérébral.

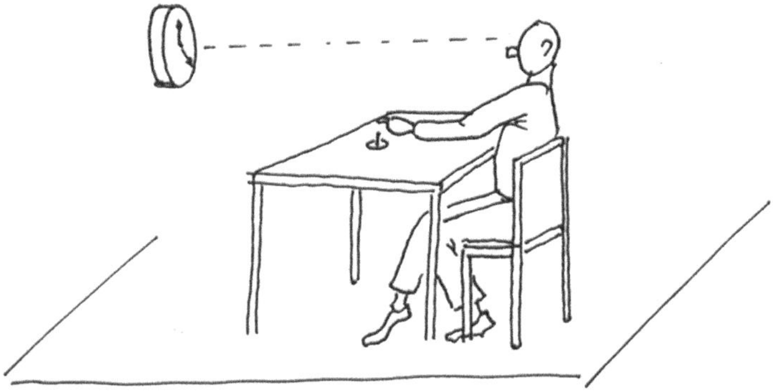

Comme attendu, le début du mouvement commence 300 millisecondes après que vous avez pris la décision consciente d'appuyer sur le bouton. De manière surprenante, le début de l'activité électrique recueillie sur le cortex cérébral apparaît

500 millisecondes (une demi-seconde !) avant la décision de faire le mouvement. En d'autres termes, votre cerveau s'active bien avant que vous ayez pris consciemment la décision : tout se passe comme si votre cerveau avait pris cette décision avant que vous en ayez conscience. Autrement dit, le cerveau décide d'abord, et on en prend conscience après.

Cette expérience célèbre a fait couler beaucoup d'encre, en particulier parce qu'elle remet en cause le concept, si cher à l'homme, du libre arbitre (la prise de conscience existe, elle est seulement retardée), mais aussi parce qu'elle est belle par sa simplicité au regard de ses conséquences philosophiques.

---

Malheureusement, il ne suffit pas d'être conscient pour faire des découvertes ! Mais alors, qu'est-ce qui fait que certains trouvent la solution et d'autres non ? Certains diront qu'il faut avoir du flair. Mais, avoir du flair, ce n'est pas vraiment trouver la solution, c'est ce qui permet de la trouver. D'autres diront qu'il faut avoir de l'intuition. L'intuition, c'est une connaissance immédiate, un jugement d'une seule pièce, qui survient d'un instant à l'autre comme si le raisonnement s'était effectué de façon quasi instantanée. C'est le propre du médecin qui fait un diagnostic au premier coup d'œil : en observant le patient, il reconnaît un indice qui lui donne accès à l'ensemble des informations apprises et stockées dans sa mémoire, et c'est une de ces informations qui le conduit au diagnostic. Ces suggestions sont-elles encore du domaine du « conscient » ? D'une certaine manière oui, puisqu'il en tire une conviction. Cependant, la rapidité du raisonnement implique une phase brève dont il n'a pas conscience. On la dira « subconsciente ».

*La découverte est souvent subconsciente*

Les scientifiques sont unanimes, la solution vient rarement en pleine conscience. Ainsi, les mathématiciens, qui ont beaucoup réfléchi à la question des mécanismes psychologiques conduisant à la découverte[1], estiment que la découverte survient habituellement après une longue période d'incubation, non consciente, qu'on appellera subconsciente pour la distinguer de l'inconscient freudien.

Cette période d'incubation subconsciente est une phase du processus mental qui survient entre le moment où l'on se pose la question et celui où l'on trouve la solution, sans en être conscient. La question a été mise de côté pendant un temps plus ou moins long, et, puisqu'une réponse est trouvée, cela suppose que la question a été résolue par le cerveau sans qu'il s'en rende compte. Henri Poincaré parlait d'une « activité automatique spontanée, intuitive et inconsciente ». Tout se passe comme si l'activité intellectuelle consciente était à l'affût, au contact d'une « antichambre » pleine d'idées associées situées juste sous le seuil de la conscience.

## La conscience n'est que la partie émergée de l'iceberg de nos pensées

Que le cerveau soit actif pendant l'activité consciente semble aller de soi. Qu'il en soit de même en l'absence de conscience paraît moins évident. Pourtant, tel est le cas : le cerveau produit un travail incessant, même au repos, et quand on n'y pense pas. C'est même un travail d'intensité

1. Henri Poincaré, *Science et Méthode*, Paris, Flammarion, 1908.

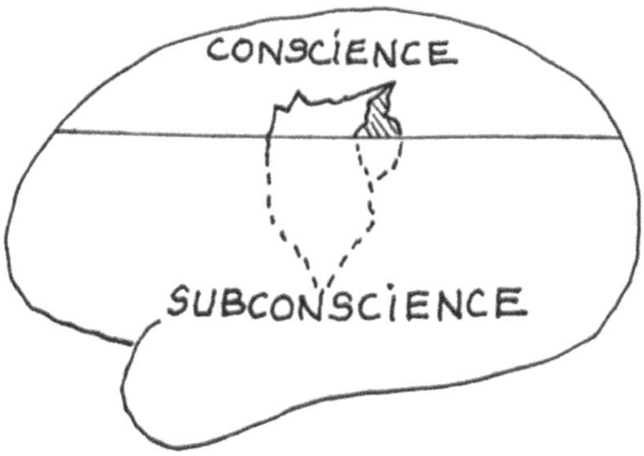


phénoménale, qui l'amène à dépenser une quantité d'énergie dix fois supérieure à celle des autres organes de notre corps. Nos 85 milliards de neurones fonctionnent en permanence, nuit et jour. Comment sait-on que le cerveau pense sans conscience ?

Il y a d'abord une certaine logique : le cerveau, composé de neurones, a pour objet de penser ; or le cerveau est constamment actif, qu'on soit conscient ou non ; si les neurones sont bien le support de la pensée et s'ils sont toujours actifs, c'est qu'ils produisent de la pensée en continu, dans une situation de conscience ou de subconscience.

Il y a aussi de nombreux faits expérimentaux. Par exemple, une image présentée pendant un laps de temps <1/10 de seconde n'est pas vue, mais le cerveau l'a vue, comme l'a montré l'expérience de Lionel Naccache et de Stanislas Dehaene en 2001.

Il y a, enfin, l'expérience clinique. Au repos, il arrive qu'on ne pense à rien ; l'esprit vagabonde sans qu'on y prête attention ; on passe d'une idée à l'autre sans s'en apercevoir. Il n'y a là rien d'extraordinaire, puisqu'on sait que notre cerveau s'active en continu. Si on enregistre l'activité électrique de notre cortex cérébral en plaçant des électrodes sur la surface du crâne (électroencéphalogramme), on enregistre des impulsions électriques de toute petite taille, distribuées de façon apparemment désordonnée. Ce sont des activités électriques qui étaient naguère interprétées comme un « bruit de fond » sans spécificité. Or on sait maintenant qu'elles sont le support d'informations (mots, images, raisonnements, émotions...) qui circulent au sein de notre cortex cérébral. Elles correspondent à un temps de délibération subconscient essentiel, qui seul nous permet de trouver consciemment la solution aux questions scientifiques que nous nous posons (dans le charabia des spécialistes, on l'appelle « mode par défaut »)[1].

Cette partie non consciente de l'activité mentale, dite subconsciente, est cependant délibérée, quoique mise en jeu à partir des perceptions de l'environnement. Même si les messages de cette subconscience non automatique peuvent ne jamais devenir conscients, ils n'en laissent pas moins une trace, et ces informations peuvent finir par émerger dans la conscience. Cette forme d'activité mentale se développe au sein du cortex cérébral ; elle est d'abord subconsciente dans les aires corticales postérieures qui jouent un rôle dans nos perceptions (les cinq sens), puis elle passe à l'avant du cerveau

1. Emmanuelle Volle, « Associative and controlled cognition in divergent thinking: Theoretical, experimental, neuroimaging evidence, and new directions », in R. Jung et O. Vartanian (dir.), *The Cambridge Handbook of the Neuroscience of Creativity*, Cambridge, Cambridge University Press, 2018.

au sein du cortex frontal, qui assure la prise de conscience des messages. Cependant, cette forme de subconscience non automatique ne doit pas être confondue avec la subconscience automatique qui joue un rôle dans l'ensemble des comportements automatiques dont on ne se rend pas compte, comme la marche, la conduite automobile, etc., soit autant de comportements gérés par les structures cérébrales situées dans la profondeur du cerveau, les noyaux gris centraux[1].

**Le passage de la subconscience à la conscience**

Cela étant, en quoi ces informations subconscientes peuvent-elles contribuer à générer des découvertes ? C'est qu'elles s'enrichissent les unes les autres en silence avant de devenir conscientes.

L'hypothèse est que ces informations subconscientes, pensées ou images, fusent, se combinent, s'articulent les unes avec les autres pour produire de nouvelles informations qui se succèdent dans le temps. Cette « incubation » se déroule comme un film, ou comme une réaction chimique, et il semble que les informations qui circulent dans le cerveau aient la capacité d'en créer d'autres au sein d'un vaste réseau d'association ; certaines prennent alors sens, et l'une d'elles en particulier, d'un certain intérêt, émergera et deviendra consciente. Au début, c'est comme une « phase de mouvement brownien », une combinaison de pensées et d'images qui apparaissent et disparaissent, s'associant les unes aux

1. Yves Agid, *Subconsciousness. Automatic Behavior and the Brain*, New York, Columbia University Press, 2021.

autres apparemment au hasard. Ces pensées, ces images restent non conscientes pendant un temps variable, de quelques minutes à plusieurs années. Pour arriver à la bonne réponse à la question que l'on s'est posée, il faut que ces pensées subconscientes passent par deux étapes : d'abord, les informations sont triées et progressivement sélectionnées, ce qui a été interprété comme une forme de sélection darwinienne[1]. Puis ces informations se modifient, se complexifient, jusqu'à ce que l'une d'entre elles dépasse un seuil au-delà duquel elle jaillit dans la conscience.

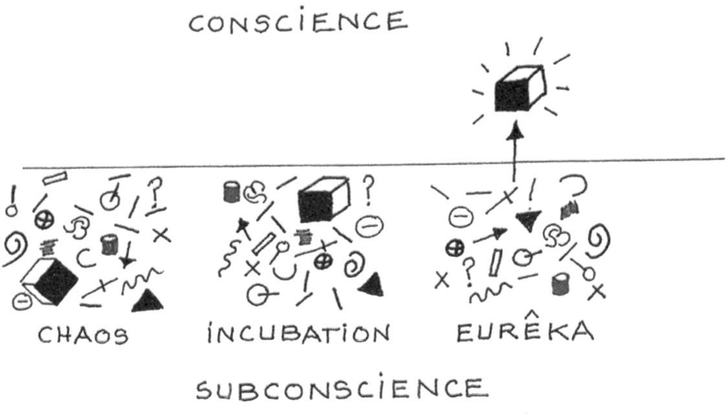


**Le passage du subconscient au conscient**

Des pensées et des images sont brassées en permanence dans notre subconscient. L'une d'entre elles (ici, le cube), qui n'est autre que la réponse à la question posée consciemment, finit par accéder à la conscience après une période variable.

---

1. Jean-Pierre Changeux *et al.*, « Learning by selection », in P. Marler et H. S. Terrace (dir.), *The Biology of Learning*, Berlin, Springer, 1984.

Tout se passe comme si la solution s'était développée en silence dans le cerveau. Entre la phase de questionnement primordial et le moment de la découverte, un travail intellectuel s'est déroulé, sans qu'on en prenne conscience. Durant ce processus, le questionnement initial n'est plus à l'ordre du jour. Après une période d'incubation à laquelle on n'a pas prêté attention, la solution apparaît comme une illumination, ce qui donne l'impression d'une découverte inopinée, comme si elle naissait de nulle part. Mais il faut bien garder à l'esprit que ce travail subconscient est précédé et suivi d'une période de travail conscient.

Si le travail effectué en silence dans notre subconscient est si favorable à ces découvertes, cela veut dire qu'au lieu de s'acharner inutilement, il faut savoir « décanter », c'est-à-dire interrompre l'effort de réflexion pour le reprendre ultérieurement après avoir laissé reposer son cerveau. L'idéal serait évidemment d'apprendre à devenir conscient de son subconscient. Les psychanalystes ont essayé, mais, à ma connaissance, rien de bien concluant n'en est sorti.

**Il ne faudrait pourtant pas croire que toutes les découvertes se font en hurlant « Eurêka ! »**

Dans l'immense majorité des cas, les découvertes s'effectuent par à-coups sur des périodes qui peuvent atteindre plusieurs décennies. C'est le cas de la plus formidable découverte de la biologie, la théorie de l'évolution, qui a mis presque trente ans à voir le jour et n'a pas fini de faire parler d'elle.

### La théorie de l'évolution

On est en 1831. On croyait alors encore que les espèces, créées par Dieu, étaient immuables (c'est ce qu'on appelle le «fixisme»). Jean-Baptiste de Lamarck venait de concevoir le «transformisme», suggérant que les espèces se transforment de génération en génération selon leur mode de vie (l'exemple célèbre du cou de la girafe qui s'allonge pour consommer les feuilles les plus hautes des arbres). De son côté, le jeune Charles Darwin, âgé de vingt-deux ans, s'embarqua sur un bâtiment de la Royal Navy, le *Beagle*. Pendant près de cinq ans, il fit le tour du monde en passant par l'Amérique du Sud, les îles Galapagos, l'Australie. Il recueillit une gigantesque quantité d'informations sur les espèces les plus diverses (coquillages, oiseaux, mammifères), ce qui l'amena à proposer une théorie selon laquelle seuls les animaux les mieux à même de survivre dans un environnement donné se reproduisent, assurant ainsi la pérennité de l'espèce.

Or ce n'est qu'en 1859, soit vingt-huit ans plus tard, que Darwin publia son fameux essai: *De l'origine des espèces au moyen de la sélection naturelle* ou *La Préservation des races favorisées dans la lutte pour la vie.*

Darwin n'a pas connu une illumination subite, mais a construit une réflexion soutenue à partir d'observations rigoureuses pour proposer une théorie révolutionnaire pour l'époque, alors qu'on ne savait même pas ce qu'était un gène.

## Les idées nouvelles peuvent apparaître dans d'autres circonstances de non-conscience – le cas du rêve

Tout le monde sait que, lorsqu'on se réveille en pleine nuit, on parvient parfois à trouver la solution de problèmes qu'on n'avait pas pu résoudre pendant la veille. C'est surtout le cas lors des phases de sommeil où l'on rêve le plus, dites de « sommeil paradoxal » (ainsi nommé, parce que, bien que profondément endormi, le rêveur bouge ou s'agite). Si on a résolu ces problèmes en dormant, c'est que le cerveau, l'organe qui produit la pensée, est actif pendant le sommeil. C'est ce qui explique le rôle du sommeil dans la consolidation des souvenirs[1] et la capacité d'avoir une activité cognitive intense sans qu'on en soit conscient. Par conséquent, les idées foisonnent la nuit comme le jour, mais de manière subconsciente. Ces observations avaient déjà été expérimentées astucieusement par Thomas Edison.

### Sommeil et créativité : l'astuce d'Edison

L'inventeur de la lampe à incandescence (également à l'origine de bien d'autres découvertes qui lui ont permis de créer General Electrics) était un acharné de travail. Quand il n'en pouvait plus, il faisait une sieste : il s'endormait dans son fauteuil favori en tenant dans la paume de sa main une balle métallique. Au moment où il s'endormait (la première phase du sommeil), son bras se relâchait, ce qui entraînait la chute de la balle dans une casserole placée sur le sol. Le bruit réveillait Edison, et c'est à ce moment qu'il avait l'idée qui lui permettait de poursuivre son travail.

1. Roar Fosse *et al.*, « Brain-mind states : reciprocal variation in thoughts and hallucinations », *Psychological Science*, vol. 12, n° 1, 2001, p. 30-36.

L'apparition d'idées au moment même où l'individu entre dans le sommeil suggère que cette phase « entre deux eaux » est propice à la pensée créatrice. De nombreux travaux inspirés de l'expérience d'Edison ont montré que le sommeil peut faciliter une activité intellectuelle intense, sans que le dormeur en soit conscient, c'est-à-dire subconsciemment. C'est par exemple le cas chez des patients atteints de narcolepsie qui s'endorment sans crier gare[1].

**Les pensées stockées dans le « subconscient », évaluées et approuvées « consciemment », se transforment en convictions**

Il arrive que cette activité subconsciente soit trop superficielle ou peu compatible avec la cohérence, et le discernement conscient l'écarte aussitôt. Et, quand il ne le fait pas,

1. Célia Lacaux *et al.*, « Increased creative thinking in narcolepsy », *Brain*, vol. 142, n° 7, 2019, p. 1988-1999.

cela peut conduire au fourvoiement intellectuel. Mais le subconscient est heureusement sous le contrôle du conscient. Ce dialogue « conscient-subconscient » n'est pas sans avoir une certaine analogie avec les systèmes 1 et 2 décrits par Daniel Kahneman en 2011.

### Les systèmes 1 et 2 de Kahneman

En effet, dans un livre majeur[1], Kahneman distingue deux modes de pensée: il y a d'abord ce qu'il a appelé le système 1, qui fonctionne automatiquement et rapidement, avec peu ou pas d'efforts, sans qu'on ait la perception d'un contrôle délibéré. C'est en quelque sorte un pilote automatique qui effectue des calculs et des évaluations en grand nombre et en même temps, « comme une décharge mentale de chevrotines », explique-t-il. Il y a là quelque analogie avec la subconscience, même si la corrélation anatomique n'est pas évoquée.

Quand le système 1 se heurte à des difficultés, il risque de donner des avis superficiels. Aussi fait-il appel au système 2, qui a toutes les qualités pour assurer une gestion plus adaptée, plus détaillée, et pour résoudre le problème du moment. Tout se passe donc comme si on était passé de la solution intuitive subconsciente qui a échoué (le système 1) à un mode de pensée conscient, nécessitant plus d'effort. La difficulté tient au fait que, à la différence du système 1, ce système 2 s'épuise facilement, comme s'il était paresseux…

1. Daniel Kahneman, *Système 1/Système 2. Les deux vitesses de la pensée* [*Thinking, Fast and Slow*, 2011], traduit de l'anglais par R. Clarinard, Paris, Flammarion, 2012; nouvelle édition révisée en 2016.

**Reste le cas où l'on n'arrive pas à découvrir…**

Beaucoup de gens aimeraient faire des découvertes. Rares sont ceux qui en font réellement. L'échec est habituellement la conséquence de l'insuffisance des moyens utilisés. Mais il peut arriver que la question soit mal posée ou même qu'il n'y ait pas de réponse possible. Que l'on songe à l'archéologue qui creuse, qui creuse… mais qui n'est pas sur la bonne colline, comme me disait Pierre-Louis Desprez. Ces situations sont probablement exceptionnelles pour les professionnels de la science, mais il arrive souvent, notamment à des étudiants mal informés ou irréfléchis, que la question posée soit insignifiante. Combien d'entre eux s'acharnent à trouver une solution qui ne débouche pas sur grand-chose ? Leur inefficacité ne veut pas dire, bien au contraire, que la réponse donnée à un problème scientifique apparemment ténu ne puisse conduire à un renversement théorique spectaculaire. Les exemples abondent : les petits pois de Mendel ; les coquillages de Darwin, etc. Mais il faut en avoir l'idée avant, comme dans l'exemple de Galilée, ou savoir interpréter l'inattendu, comme dans l'exemple de Rizolatti.

En un mot, si vous n'arrivez pas à résoudre un problème, allez-vous coucher et laissez votre subconscient s'en occuper…

## L'illumination

### *Illumination ou intuition*

Quand on a longtemps cherché, tout d'un coup, la solution jaillit. C'est l'idée attendue qui apparaît comme la pièce manquante d'un puzzle. Ce peut être aussi une idée inattendue, la trouvaille qui saute aux yeux. On n'en avait pas conscience, et soudain on se rappelle qu'on s'était posé la question auparavant, tel Henri Poincaré qui trouve la solution de son fameux théorème, à Coutances, en montant dans l'omnibus.

Il y a une véritable rupture. Cette rupture, Wiles, ce mathématicien anglais qui a démontré, plus de trois cents ans après, la fameuse conjecture de Fermat, l'illustrait joliment : la recherche, c'est comme quand on entre dans une chambre noire ; on cherche à tâtons pour se faire une idée de l'endroit où l'on est, mais l'idée que l'on s'en fait est imparfaite. Soudain la pièce s'éclaire, on la voit telle qu'elle est. C'est cela, l'illumination de la découverte.

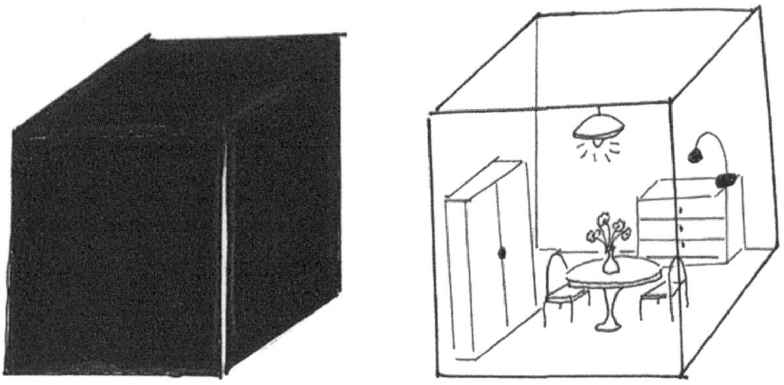

**L'illumination de la découverte**

La pièce est dans le noir, on tâtonne. La pièce s'éclaire, c'est l'illumination.

L'illumination de la découverte partage des traits avec l'intuition, mais s'en distingue. Quel rapport entre Archimède, qui découvre la loi de la poussée des corps, et les célèbres intuitions de Sherlock Holmes, qui découvre le coupable à partir de l'observation de minuscules détails ? Nietzsche le dit magnifiquement dans *Ecce homo* à propos de l'illumination : « "Quelque chose" se révèle [...] avec une indicible précision, une ineffable délicatesse, "quelque chose" qui nous ébranle, nous bouleverse jusqu'au plus intime de notre être [...]. On entend, on ne cherche pas [...]. Tel un éclair, la pensée jaillit soudain avec une nécessité absolue, sans hésitation ni recherche [...] ; c'est une extase qui nous ravit entièrement à nous-mêmes [...]. Il semble que ce soit toujours l'expression la plus juste, la plus naturelle, la plus simple qui s'offre à nous. »

| Illumination | Intuition |
|---|---|
| Inattendue | Spontanée |
| Initiée par un questionnement préalable | Déclenchée par une perception, un signal |
| Décalée, après un long travail d'incubation | Immédiate, en une fraction de seconde |
| Raisonnement donnant lieu à une combinaison d'idées | Perception subliminale de plusieurs signaux |
| Brutale comme une rupture | Rapide ou par paliers |
| Globale, la solution apparaît entière | Plus ou moins globale |
| Donne un plaisir intense | Fait plaisir, sans plus |

L'illumination, c'est l'apparition dans la conscience de quelque chose qui n'y était pas, tout en y étant tout de même… sans qu'on en ait conscience. C'est comme l'oubli bénin : on cherche le nom de quelqu'un, mais il ne vient pas ; pourtant, de manière indicible, on sait qu'il n'est pas loin ; puis, tout d'un coup, le nom jaillit de manière inattendue. Il y a donc nécessairement irruption du contenu subconscient dans la conscience. Mais cette irruption dans la conscience n'est pas aléatoire, sinon les pensées qui jaillissent seraient chaotiques ; elles n'auraient aucun sens, comme c'est le cas pour les fous. Les innombrables pensées et images qui se sont entrechoquées dans le subconscient, comme des atomes, se sont organisées pour produire de la cohérence. Une sorte de discernement opère, peut-être aussi une certaine sensibilité esthétique, comme si l'évaluation de la bonne réponse n'était pas seulement intellectuelle, mais aussi émotionnelle.

La question qui se pose est alors évidemment la suivante : pourquoi, à un moment donné, quelqu'un voit-il ce que personne ne voyait ? « Des millions de gens ont vu tomber une pomme. Newton est le seul à s'être demandé pourquoi », disait Bernard Baruch, même si ce n'est certainement pas avec le spectacle de la chute d'une pomme que Newton a découvert les lois de la gravitation.

Les philosophes ont déjà répondu à cette question, à l'instar d'Arthur Schopenhauer : « La tâche n'est pas tellement de voir ce que personne n'a encore vu, mais de penser à ce que personne n'a encore pensé à propos de ce que tout le monde voit. » Personne ne voit mais, à un moment donné, quelqu'un voit. Comment ?

La difficulté pour le scientifique est qu'il ne sait jamais s'il va faire une découverte. Il peut avoir un bon résultat

Le découvreur

expérimental, mais de là à faire une découverte, il y a un monde… C'est que les révolutions scientifiques sont toujours identifiées rétrospectivement. Ce fut le cas de celle de Nicolas Copernic, dont la conception héliocentrique du monde, publiée en 1543 par un de ses élèves, ne fut reconnue qu'après la découverte de Galilée (1616), et encore… De même pour les petits pois de Mendel, et bien d'autres…

*Que se passe-t-il dans le cerveau pour que la solution émerge?*

Pendant cette période de délibération subconsciente, la solution émerge; d'innombrables neurones, porteurs d'informations diverses, interagissent en continu et échangent entre eux des informations, qu'il s'agisse d'images, d'émotions, de pensées. Au milieu de ce chaos neuronal plus ou moins ordonné, un groupe de neurones déterminés, porteurs du questionnement initial, continue de s'activer (possiblement stimulé par des phases éparses de questionnement conscient). À force de combinaisons avec d'autres ensembles de neurones, il peut arriver que, par sélections successives, les innombrables interactions neuronales finissent par donner la solution. L'astuce est d'éviter les mauvaises combinaisons et de choisir les bonnes. La réponse peut rester définitivement subconsciente, enterrée, mais elle peut aussi émerger et devenir consciente tout naturellement. Dans ce cas, le poids spécifique de la question scientifique était si lourd qu'il l'a emporté sur les autres innombrables informations, de la même façon que nous ne nous souvenons que des rêves les plus émouvants ou les plus éprouvants.

Il en résulte un curieux sentiment de certitude. Trouver ainsi la solution s'accompagne aussi toujours d'une sensation de joie, voire de liesse, semblable à celui que l'on éprouve en découvrant, dans une scène de cinéma ou dans un livre, l'idée ou le sentiment qu'on attendait depuis longtemps, sans avoir jamais réussi à le formuler. Il y a là un danger : combien de fois la sensation de plénitude, qui accompagne l'impression de découverte, s'effondre quand il faut malheureusement faire le constat que cette découverte n'est pas aussi spectaculaire qu'on le pensait, ou même que ce n'est pas une découverte du tout ! D'où l'importance de vérifier.

## La vérification

> « C'est par la logique que l'on prouve et par l'intuition que l'on découvre », Henri Poincaré.

Il reste, en effet, à vérifier que l'apparition soudaine de l'idée nouvelle répond bien à la question posée. Au risque de s'égarer, il faut s'assurer qu'elle est bien prise en charge par la raison. Si le résultat paraît solide, en quoi est-il nouveau ? N'est-il pas décalé au regard de l'interrogation initiale et de l'état des connaissances ? L'idée n'est peut-être pas originale, ou, si elle l'est, en quoi remet-elle en question la théorie ambiante et les résultats antérieurs unanimement reconnus ? Le bon scientifique a heureusement l'esprit de contradiction. S'il avait prévu le résultat, il doit être capable d'en rendre compte et, éventuellement, d'expliquer pourquoi rien ne s'est passé comme il l'avait prédit.

### *Douter*

C'est peu de dire que le scientifique a toujours des doutes. « Une fois que ma décision est prise, j'hésite longuement », disait Jules Renard… Le doute est un véritable mouvement de retour sur les opérations qui ont conduit à la découverte. On s'interroge sur la validité du résultat, on teste rétrospectivement toutes les étapes du processus expérimental, on passe au crible tous les jalons intellectuels qui ont conduit à la découverte, afin de chercher d'autres explications. Attention, comme le rappelle Jean-Martin Charcot, « le scepticisme banal, qu'on oppose si volontiers à tous les progrès de l'esprit humain, est un oreiller commode aux têtes paresseuses ; mais, à l'époque où nous vivons, il n'est plus temps de s'endormir ». Il n'en reste pas moins que, bien souvent, nous sommes sûrs de nous alors que nous avons tort. Le plaisir d'avoir trouvé risque de donner une confiance excessive dans ce que nous croyons avoir mis en évidence. La crédulité ou l'excès de confiance en soi présente un danger certain, et, en même temps, il faut bien croire à son propre travail, douter et être crédule à la fois !

Mais à côté du doute « vérificateur », qui permet de critiquer les résultats, il y a le doute « créatif », qui conduit à poser la question : « Et si ça se passait autrement ? » Ce doute, à condition qu'il soit raisonné, permet éventuellement d'ouvrir de nouvelles pistes de recherche. C'est donc aussi une pièce maîtresse de la créativité.

« J'ai découvert ma femme, mais est-ce bien elle ? Je vais vérifier... »

*Vérifier*

On ne peut pas s'imaginer l'intensité de la déception d'un chercheur qui s'aperçoit que le magnifique résultat qu'il avait obtenu n'est pas valide… Il est indispensable de vérifier (en science, on ne prouve pas, on vérifie). Notre cerveau qui sait qu'il peut se tromper doit vérifier en permanence la justesse de ses pensées, ce qui implique une réflexion à deux étages :

Sur le moment : le cerveau dispose d'un détecteur d'erreurs qui lui permet, de façon presque instantanée, de se rendre compte que l'option choisie n'est pas la bonne. Il faut comprendre que, quand notre cerveau prend une décision, il vote. C'est au cortex frontal de décider en faisant la synthèse des informations « intellectuelles » et « émotionnelles » en provenance des aires corticales postérieures. Quand plusieurs options sont en concurrence, le cortex frontal effectue une évaluation des options, les hiérarchise et prend une décision finale[1]. Mais les erreurs ne sont pas rares. Pour cela, le cortex frontal dispose en son sein d'un détecteur d'erreurs (aire cingulaire antérieure). Avant de prendre une décision définitive (par exemple, tourner à droite plutôt qu'à gauche), il compare ces deux options (au sein d'une multitude d'autres) pour vérifier qu'une erreur n'a pas été commise, ce qui permet le plus souvent de corriger un mauvais choix… mais pas toujours.

---

1. Philippe Damier, *Décider en toute connaissance de soi*, Paris, Odile Jacob, 2014.

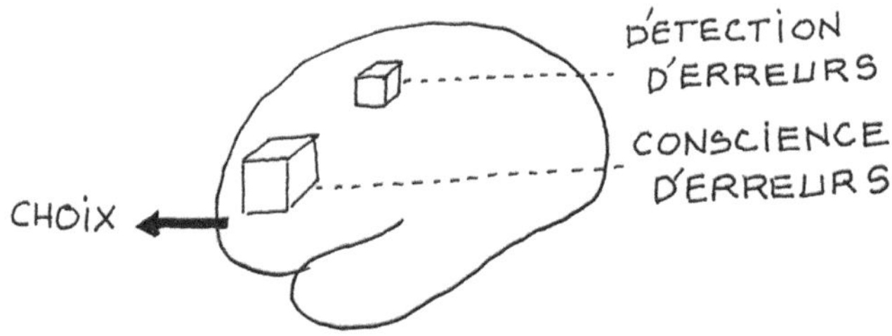


Puis, dans le doute, le cerveau a la possibilité d'avoir une réflexion sur son propre choix. Il peut tout remettre en question en évaluant les options choisies, ce qui est du domaine de la métaconscience.

CONSCIENCE, SUBCONSCIENCE ET MÉTACONSCIENCE SONT INTIMEMENT LIÉES

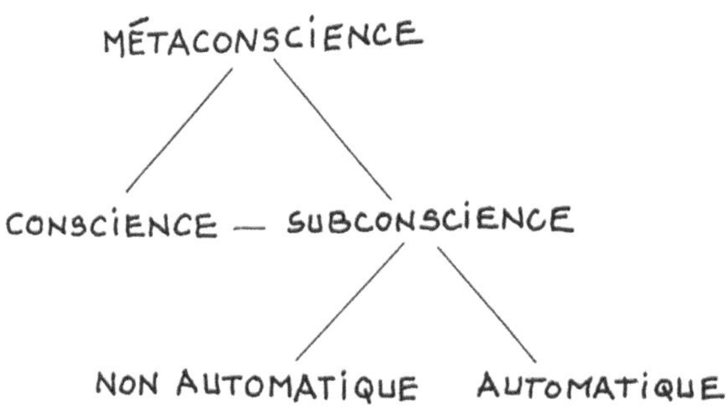


La subconscience est à la fois automatique, apprise (marcher, conduire sa voiture, prendre une douche, etc.), gérée par les noyaux gris centraux (situés au centre du cerveau, phylogénétiquement anciens, ils se composent de quelques millions de neurones), et non automatique, délibérée

(pensées), commandée par le cortex cérébral (vingt milliards de neurones).

Elle est placée sous le contrôle de la conscience, qui est la faculté de se rapporter à soi gérée par le cortex frontal, en relation avec la métaconscience, qui est la conscience de la conscience (par exemple l'évaluation théorique ou morale d'une découverte), gouvernée par la partie la plus antérieure du cortex frontal.

---

Le chemin n'est pas fini pour notre chercheur tout heureux d'avoir fait une découverte. Il n'a plus de doute, il a vérifié sa découverte, mais il doit encore la valider.

### *Valider*

Reste à savoir quoi faire de la découverte… Il faut d'abord être persuadé que c'est bien une découverte, puis la faire valoir : convaincre son entourage, ses pairs, les autorités scientifiques institutionnelles. Cela demande de grandes facultés de persuasion : il faut avoir l'autorité de celui qu'on écoute, en qui on a confiance, du charisme pour influencer l'auditoire, une bonne dialectique pour faire valoir la cohérence de son travail. Enfin, il faut parvenir à diffuser ses résultats : être un brillant conférencier, un bon écrivain (anglophone qui plus est), entretenir des relations dans les sphères académiques, etc. Ne faut-il pas être ballot pour faire de la recherche !

En effet, lorsque le chercheur a la conviction que ses résultats sont robustes, il doit les publier, si possible dans une revue scientifique à grand tirage (ce qui n'est pas nécessairement trivial). Plus une découverte remet en question la théorie ambiante, plus la communication des résultats est difficile. C'est que, au-delà des questions méthodologiques, les découvertes sont interprétées différemment, non seulement le résultat en tant que tel, mais aussi sa portée en termes de progrès scientifique pour la société. C'est souvent après plusieurs années que la découverte sera validée et définitivement acceptée par la communauté scientifique. Bien plus, mais c'est l'essence même de la science, la découverte n'est jamais acquise définitivement : elle est remise en question, modulée, affinée. Il en va ainsi de la théorie de l'évolution, dont les grands principes sont acquis, mais dont certains points posent toujours question ou ont été revus presque deux siècles plus tard.

Par conséquent, le bon scientifique doit non seulement être rigoureux, courageux, prudent, critique vis-à-vis de lui-même, mais il faut aussi qu'il soit persuasif. C'est dire qu'il doit s'engager complètement pour convaincre ses pairs de la pertinence de ses découvertes.

Cette dynamique de la découverte dans le temps reste toutefois théorique pour deux raisons.

1) L'illumination soudaine qui amène une grande découverte est exceptionnelle, si tant est qu'elle existe. En fait, l'idée apparaît plutôt sous forme de fragments successifs ou conjoints « comme une lueur plutôt qu'une illumination », disait Paul Valéry. Les différentes phases peuvent se chevaucher, se mêler, avoir lieu à des moments différents : je peux avoir une idée qui mettra des années à germer et qui aboutira tout d'un coup à une solution ; inversement, l'illumination peut apparaître rapidement, mais mettra des mois ou des années à être validée. Les périodes de recherche consciente et subconsciente alternent. Des phases de recherche travaillées subconsciemment affleurent à la conscience, puis s'évanouissent pour réapparaître, comme le mot qu'on a sur le bout de la langue.

2) Aujourd'hui, même un génie ne fait plus une découverte tout seul. Le décryptage du vivant et de la matière donne lieu à une telle quantité de messages scientifiques que les découvertes ne peuvent plus être que collectives et ubiquitaires : collectives, afin que les compétences scientifiques et les technologies nouvelles se conjuguent ; ubiquitaires, car les savoir-faire sont désormais distribués aux quatre coins du monde. Parmi d'autres exemples, l'histoire de la génétique en trois actes illustre cette nouvelle réalité.

## Le support du vivant et de l'hérédité : le génome

Acte I : Au XIXe siècle, nombreuses étaient les hypothèses pour rendre compte de l'hérédité. On peut citer parmi elles celle du « mélange des sangs » proposée par Francis Galton, cousin de Charles Darwin, qui soutenait que les caractères hérités provenaient pour moitié des deux parents, pour un quart des quatre grands-parents, pour un huitième des huit arrière-grands-parents, etc. C'est alors que Gregor Mendel (1822-1884), un moine autrichien passionné de botanique, décida de croiser des variétés de petits pois qui ne différaient que par un seul caractère (par exemple la couleur d'une cosse ou la taille de la tige). En croisant des milliers de petits pois et en suivant la transmission à la descendance, il remarqua que les caractéristiques de ces légumineuses se transmettaient à la descendance selon des règles précises. Par exemple, certains traits n'apparaissaient qu'après plusieurs croisements, ce qui suggère que ce ne sont pas les caractéristiques elles-mêmes qui sont transmises, mais des facteurs qui seront appelés plus tard les « gènes » et que la plante possède deux copies de ce facteur, hérité de chacun des parents.

Acte II : Vers la fin du XIXe siècle, les progrès de la microscopie optique permettent d'identifier dans le noyau de la cellule un réseau filamenteux, appelé « chromatine » (du grec *khrôma*, « couleur »), qui participe manifestement à la division cellulaire et à la formation des gamètes, qui sont de ce fait possiblement les supports physiques de l'information héréditaire. Dans les années 1920, Thomas Morgan (1866-1945) et d'autres, en travaillant sur la mouche, établissent un lien entre les lois de Mendel et la chromatine : les chromosomes sont rangés par paire, ils comportent des gènes qui tiennent une place fixe (environ 3 000 chez la mouche) et peuvent créer des recombinaisons.

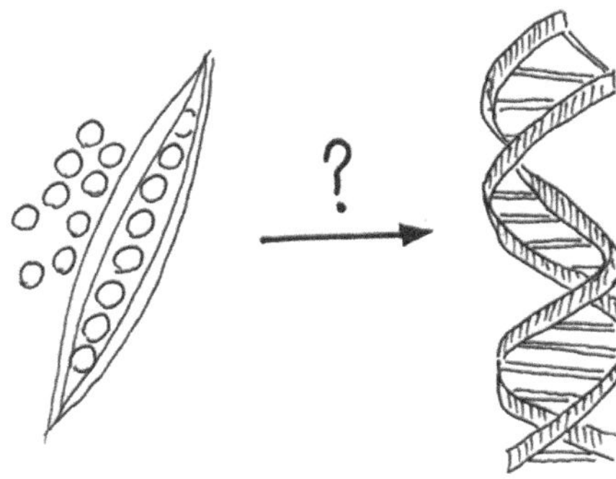


**Du petit pois à l'ADN**

Acte III: L'approche biochimique permet de découvrir le rôle de l'ADN. L'ADN avait été reconnu dans les cellules, notamment dans les spermatozoïdes, durant les années 1870 (Friedrich Miescher), et sa composition en acides nucléiques fut identifiée quelques années plus tard, grâce aux travaux d'Albrecht Kossel (1853-1927). L'ADN est bien le support de l'hérédité, puisque l'injection de l'ADN extrait d'une souche de bactérie mortelle dans une bactérie inoffensive la rend mortelle. C'est l'époque de la première manipulation génétique réalisée par Oswald Avery en 1944. Dans les années 1950, Rosalind Franklin montre à son tour, par diffraction de rayons X, la structure ordonnée en double hélice de l'ADN. À partir de cette observation, James Watson et Francis Crick mettent en évidence la structure en double hélice de la molécule d'ADN en 1953: l'ADN est bien le support de l'hérédité et dispose d'un code qui permet la synthèse des protéines. S'ensuit une série de découvertes: les gènes portés par l'ADN sont transcrits en ARN messager (découvert par François Jacob, Jacques Monod, André Lwoff en 1961); un séquençage complet du génome est effectué (2001); l'activité des gènes peut être modulée sans modifier la séquence de l'ADN par des facteurs de l'environnement (début de l'épigénétique); il est possible de modifier le contenu du génome grâce à un véritable ciseau moléculaire, le système Crispr-Cas9 (découvert par Emmanuelle Charpentier et Jennifer Doubna en 2021).

Cette histoire de la génétique montre que les découvertes, notamment en physique et en biologie, ne sont plus le fait d'un seul individu à un moment donné, mais sont collectives, échelonnées dans le temps et dans l'espace.

---

Cependant, que l'avancée scientifique soit mineure ou majeure, solitaire ou non, locale ou non, la dynamique du processus de découverte reste plus ou moins la même. Telles sont, grossièrement décrites, les principales étapes qui conduisent à faire une avancée scientifique. Il n'en reste pas moins que nous n'avons pas répondu à la question : « Qu'est-ce qui conduit à faire une découverte ? ».

# II.

## Qu'est-ce qui conduit à faire une découverte ?

Pour simplifier, trois éléments se conjuguent : le contexte sociologique, en particulier les courants scientifiques ambiants ; les progrès technologiques, qui amènent à découvrir ce que personne ne pouvait voir auparavant, faute d'instruments adéquats ; le talent du futur découvreur.

### Le contexte

> « Il y a une chose qui est plus forte que toutes les armées du monde, c'est d'avoir une idée au bon moment », Victor Hugo.

*Les découvertes arrivent à l'acmé de grands mouvements de pensée*

La possibilité de façonner des objets, l'utilisation du fer, la découverte de la roue et des instruments agraires, etc. ont marqué les débuts de la civilisation. Les mouvements de pensée ont eux aussi contribué à la naissance de la civilisation, essentiellement en Chine, au Proche-Orient, en Grèce, et initié la marche d'un progrès en escalier. Dans l'ensemble, toutefois, au moins jusqu'à la Renaissance, l'avancée des sciences s'effectuait par paliers ou restait en plateau. À partir du XVIII^e^ siècle, les progrès s'accumulent et additionnent leur potentiel, jusqu'à devenir pratiquement exponentiels à partir de la fin du XIX^e^ siècle : ils rendent possible une fantastique série de découvertes dans tous les domaines de la science, en particulier en mathématiques et en physique. Les découvertes continueront-elles de s'accroître de façon exponentielle ou atteindront-elles progressivement un plateau ?

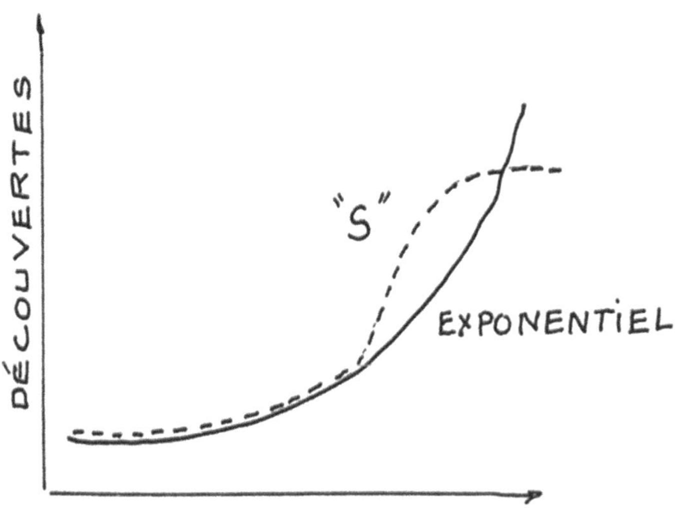


Les découvertes peuvent s'accumuler de façon « exponentielle », sans fin. Elles peuvent aussi atteindre un plateau (comme avec l'apparition d'un produit dans une réaction enzymatique : courbe en « S »).

C'est à se demander s'il n'en est pas en science comme en économie: on observe d'immenses fluctuations, chacune pouvant durer plusieurs décennies (c'est le cas par exemple de la recherche des causes des maladies à la fin du XX^e^ siècle), sur lesquelles se greffent des fluctuations moyennes de plusieurs années (ainsi la découverte de mutations dans plusieurs de ces maladies), elles-mêmes l'objet de micro-fluctuations (la recherche de cibles pharmacologiques pour stopper l'évolution de ces affections, qui font le bonheur des spéculateurs). Comme le scientifique exerce son activité au sein des petites fluctuations, il est indispensable qu'il ne perde pas de vue les grandes, au risque de jouer « petit bras ».

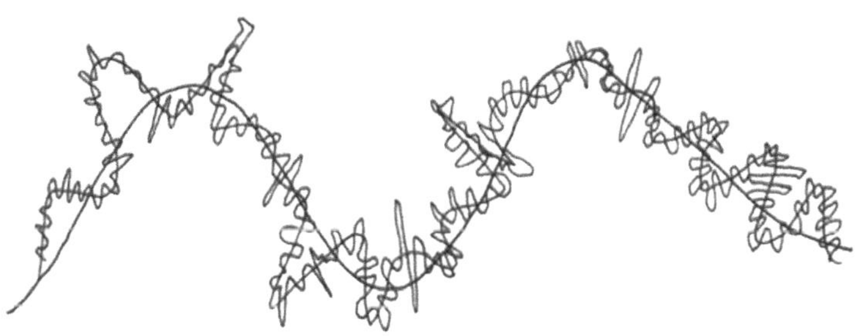

**Les fluctuations d'apparition des découvertes au cours du temps**

De grandes fluctuations sont parcourues par des fluctuations de moyenne importance, elles-mêmes émaillées de petites fluctuations.

L'analogie avec l'économie permet de comprendre que les résultats scientifiques les plus modestes génèrent des progrès conséquents, lesquels sont potentiellement à l'origine de découvertes majeures: les petites font les moyennes qui font les grandes (et inversement). Mais rien ne prouve que la myriade de petits résultats expérimentaux, obtenus ici et là, soit utile pour produire une rupture épistémologique. On a même des raisons de penser que, à l'inverse, des découvertes mineures peuvent égarer, voire conduire à des conclusions erronées qui bloquent le progrès scientifique. Rappelons-nous la sinistre affaire Lyssenko : dénonçant la « génétique bourgeoise » comme une imposture, cet agronome soviétique affirmait avoir mis au point des méthodes permettant d'imposer des caractères héréditaires voulus à des plantes, et même de transformer à volonté une espèce en une autre ; il fut ainsi à l'origine de plans agricoles soviétiques gigantesques dont les résultats furent désastreux.

**Dans le contexte, comment apparaissent les découvertes ?**

Il arrive un moment dans l'histoire des sciences où apparaît manifestement une inadéquation entre ce que le scientifique observe et ce qui est enseigné. De fait, l'avancement des sciences génère des convictions théoriques qui deviennent des dogmes cristallisés dans des ouvrages (même si ceux qui les enseignent savent parfaitement qu'il s'agit d'une vérité qui sera affinée ou remise en cause). Heureusement, l'ajustement progressif des savoirs finit par révéler les contradictions. Ces mouvements de pensée scientifiques ne sont jamais isolés : ils s'inscrivent dans les vastes ondulations des mouvements de pensée sociétaux, économiques et politiques. Autrement dit, science et sociologie sont interdépendantes, liées aux fluctuations philosophiques et politiques.

Les exemples sont nombreux. On peut citer, parmi les plus célèbres en Europe : l'explosion des découvertes (et l'épanouissement artistique!) à la Renaissance, dans un contexte de conquêtes, de croissance commerciale, d'enrichissement, de renforcement du pouvoir; le bond en avant des sciences physico-chimiques après la Révolution française, déclenché par les prises de position avant-gardistes de Diderot, de d'Alembert et d'autres philosophes des Lumières; l'avènement de la physique corpusculaire au début du XXe siècle, favorisé par l'influence déclinante de la pensée religieuse et l'émergence d'une philosophie rationaliste, etc.

Ces périodes de créativité, et donc de découvertes scientifiques, se situent souvent au décours de phases de crise ou de conflit. L'histoire de la science à partir du XXe siècle semble aller dans ce sens. En témoignent l'envolée de la physique des particules après les années 1945 ou l'irruption de la vaccination contre le virus Covid-19 lors de l'arrivée brutale de la pandémie. C'est aussi le mystère des modes qui vont et qui viennent, pendant quelques mois ou quelques années. Ces modes émergent subrepticement, sans qu'on y prête trop attention, pas toujours de manière compréhensible: l'idée avancée par une personnalité forte ou l'apparition d'une nouvelle technique s'inscrivent dans les esprits comme la médisance qui conduit à la rumeur. L'idée peut s'effondrer, elle peut aussi se pérenniser, qu'elle se soit cristallisée dans l'esprit des utilisateurs désormais enlisés dans la routine ou que les développements technologiques qui en résultent amènent à poursuivre l'utilisation d'une technique devenue pourtant obsolète. La recherche d'un traitement curatif pour les maladies neurodégénératives, malgré un demi-siècle de recherche mondiale assidue, en est un bon exemple.

## La recherche sur les maladies neurodégénératives, une impasse ?

Ces affections sont caractérisées par une perte sélective de neurones dans le cerveau et la présence de corpuscules anormaux visibles sous microscope. Or la quasi-totalité de la recherche est consacrée aux mécanismes d'apparition de ces stigmates histologiques supposés être à l'origine de ces maladies. Compte tenu des échecs actuels de la recherche thérapeutique, encore qu'il y ait quelques résultats probants récents, on peut se demander si cette voie de recherche ne débouche pas sur une impasse et se poser la question : « Et si les anomalies histologiques observées dans le cerveau des malades n'étaient pas la cause mais la conséquence d'un processus pathologique inconnu ? » Et, si tel était le cas, il faudrait peut-être se demander si la cause des maladies neurodégénératives ne réside pas dans un dysfonctionnement primaire des cellules nerveuses.

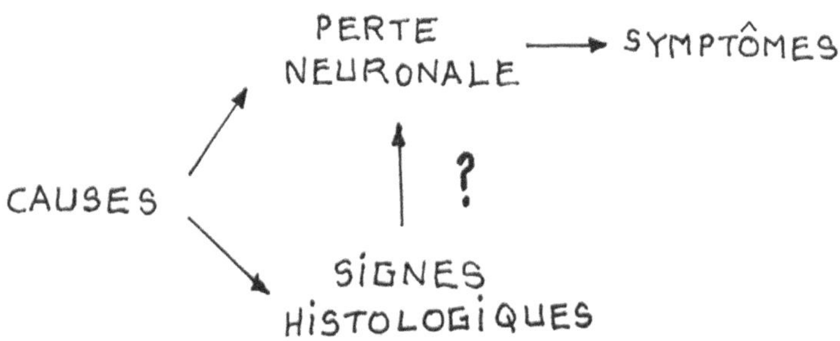


Les symptômes d'une maladie neurodégénérative découlent de la perte de neurones au sein du système nerveux. Ces pertes neuronales résultent de causes diverses, lesquelles entraînent aussi des anomalies histologiques reconnues sous microscope. La question est de savoir si ce sont les anomalies histologiques qui entraînent la perte neuronale ou si c'est l'inverse, à savoir que la perte neuronale entraîne les signes histologiques. À moins que ce ne soient les deux en même temps[1] ?

Le même type de débat a lieu pour savoir s'il vaut mieux renforcer les recherches sociologiques sur la maladie d'Alzheimer (dont on sait les conséquences socioéconomiques désastreuses) ou s'il convient plutôt de renforcer la recherche pour trouver des cibles destinées à stopper le processus pathologique responsable. Les deux approches doivent évidemment être menées de front. La recherche sociologique est aujourd'hui capitale pour rendre moins pénible la souffrance des malades et elle le restera demain, lorsqu'un traitement curatif efficace livrera à la société une masse croissante de personnes très âgées en bonne santé… dont on ne saura pas quoi faire.

---

Exceptionnellement, le découvreur sait que les expériences qu'il est en train de concevoir aboutiront à une rupture épistémologique majeure. C'est le cas de Lavoisier (1743-1794) qui, dit-on, avait prévu le bouleversement conceptuel qu'apporteraient ses travaux sur la conservation de la matière (« rien ne se perd, rien ne se crée, tout se transforme »). Dans la plupart des cas, le futur découvreur n'a pas en tête la solution à la question posée, mais il a la chance d'arriver dans le bon environnement et au bon moment. En fait, il est à l'affût de l'inattendu, voire de l'inconcevable (comme les artistes de certains mouvements, tels que le cubisme ou le surréalisme). Il peut être le premier à résoudre le problème scientifique

1. Yves Agid, « Neurodegenerative disorders : are we wrong ? », *Revue neurologique*, vol. 178, n° 5, 2022, p. 407-413.

auquel tous les experts se heurtent, mais il peut aussi avoir des idées confuses devant des résultats contradictoires. Son instinct de chasseur l'incite toutefois à fouiller la question. Même si l'échec est fréquent, l'avenir peut lui donner raison.

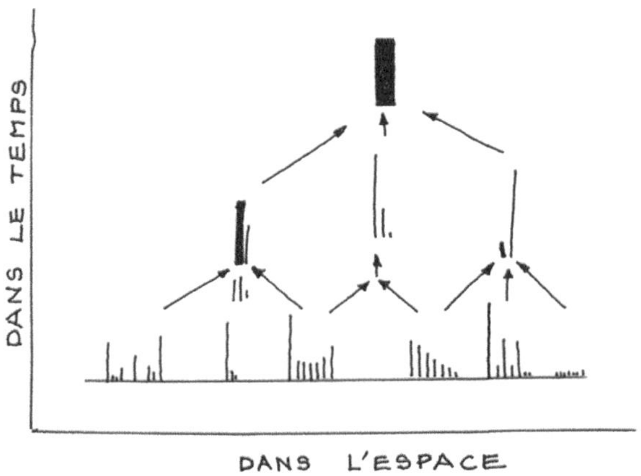


La grande découverte (rectangle noir) résulte de multiples avancées scientifiques de valeurs inégales (traits de longueur variable), issues de divers laboratoires dans le monde pendant des laps de temps allant de quelques jours à plusieurs siècles.

Qu'il s'agisse de mouvements de pensée scientifiques, de progrès technologiques ou même de volonté politique, le contexte constitue la toile de fond sur laquelle le chercheur peut apporter une rupture. La découverte, c'est comme le couvercle de la bouilloire qui saute après avoir longtemps chauffé. Elle ne résulte pas d'un gigantesque bond dialectique imprévisible, mais de l'amoncellement successif de myriades de petits bonds épars. Le découvreur doit arriver au bon moment, et c'est à lui de le reconnaître.

Les découvertes ne sont plus le fait d'un individu, mais d'un réseau international, comme un bouillon de culture où les meilleurs scientifiques du monde échangent, discutent, se jaugent, se jalousent, se courtisent, produisent.

Vous faites de la recherche ?

Les courants de pensée qui en découlent font que certaines disciplines scientifiques s'épanouissent en pleine euphorie, telles aujourd'hui la biologie moléculaire, la physique des particules ou l'informatique, qui ont abruptement transformé l'industrie et les modes de vie. D'autres peuvent stagner, comme ce fut le cas de la recherche sur les maladies infectieuses après la découverte des antibiotiques dans la deuxième moitié du xx^e^ siècle ; mais elle s'est réactivée brutalement à l'occasion des dernières pandémies. L'influence de ces grands mouvements de pensée est si prégnante que plusieurs chercheurs ont les mêmes idées en même temps et que des équipes de recherche distribuées aux quatre coins du monde rivalisent sur le même thème. Cette compétition est saine entre des talents présents sur toute la planète, mais aussi un peu ridicule, en raison des conflits qui s'ensuivent pour les questions de priorité (et les brevets éventuels !). On s'inspire les uns les autres, pas nécessairement dans la même discipline. Ce sont bien souvent des avancées scientifiques étrangères à la discipline étudiée qui vont permettre la découverte, en vertu d'un simple raisonnement analogique, mais qui suppose une culture générale suffisante pour aller détecter des idées dans d'autres aires scientifiques (par exemple une trouvaille dans le domaine de la géologie peut être transposée pour répondre à une question biologique). C'est là que le talent inventif et ingénieux du chercheur prend toute sa valeur, en imaginant le modèle expérimental adéquat et en allant chercher les technologies dernier cri.

**Et l'étudiant dans tout ça ?**

C'est dans ce contexte que l'étudiant est introduit dans le monde académique de la recherche. Il n'a aucune expérience. Que peut-il faire, et surtout que doit-il ne pas faire ? Cet étudiant, jeune homme ou jeune femme, ne fera pas d'emblée une immense découverte (sauf rare exception, mais les raretés ne sont-elles pas exceptionnelles ?) ; il sera donc amené à choisir une école, puis un laboratoire, un directeur de thèse, un patron en somme, qui l'incitera à apprendre son métier sur un thème dont on peut penser qu'il aboutira favorablement (si tel n'était pas le cas, il faudrait blâmer le directeur de laboratoire). Par conséquent, le chercheur en herbe doit bien se situer pour initier ses premiers pas dans le meilleur laboratoire sur un thème d'intérêt. Il s'assurera que le travail mis en œuvre a toutes les chances de stimuler des recherches ambitieuses et, qui sait, des découvertes. Comment savoir ? Que d'erreurs : « Un copain m'a dit que l'ambiance était sympathique »... « Le laboratoire est proche de mon domicile»... «J'ai entendu le directeur du laboratoire parler à la télévision»! Même nanti des meilleures informations, pourquoi l'étudiant irait-il ici plutôt que là? C'est comme prévoir un voyage lointain en se fondant sur quelques articles de journaux épars dont on ne connaît pas la valeur. «Voyez les meilleurs scientifiques», dira l'un. Mais comment les reconnaître? «Lisez les articles scientifiques», dira un autre. Mais comment faire, puisqu'on ne dispose pas du langage scientifique souvent hermétique de la littérature spécialisée? C'est le rôle des professeurs d'université d'orienter l'étudiant, mais ces «spécialistes de l'invérifiable», selon les mots de l'écrivain Sylvain Tesson, peuvent se tromper. L'étudiant cultivé aura plus de chance («la culture, ce qui reste à connaître quand on ne vous a rien enseigné», disait Jean Vilar), lui qui jouit du privilège des bien nés, des bien éduqués.

### *La science fait progresser la société qui fait progresser la science*

> «Il y a qu'une réponse au péril et aux méfaits de la science, c'est encore plus de science», Romain Gary.

La science permet la création d'un cercle vertueux, ce qu'avait compris Colbert à la fin du XVII^e^ siècle lorsqu'il fonda l'Académie des sciences: il n'y a pas de société prospère sans enseignement de haut niveau, ni d'enseignement de qualité sans recherche d'excellence. Et inversement. Une telle conception n'a de sens que si la recherche en question est forte, pérenne, adaptée, éthique. C'est le cas dans les pays développés, notamment en France. La volonté de développer une recherche ambitieuse n'y manque pas, malgré les freins qui sont moins financiers qu'idéologiques et corporatistes, sans compter les conservatismes par ignorance ou dogmatisme. L'objectif n'est pas de faire de la recherche pour le plaisir d'en faire. Mais, si on choisit d'en faire, cette recherche n'a de sens que si elle est d'excellence, avec pour but de créer un havre d'intelligence et de progrès social. C'est dans cet humus scientifique qu'émergent les découvreurs, à condition de disposer de liberté. Liberté de créer pour inventer, innover, découvrir.

*L'utilité de l'inutile*

Dans un monde où dominent bien souvent l'irrationnel et la haine, n'est-il pas curieux que des individus se consacrent à accroître la connaissance, à réduire la souffrance, à vaincre les maladies – à faire de la recherche ? Le font-ils en fonction de la satisfaction intellectuelle qu'ils en tirent ou parce qu'ils se sont donné pour but d'améliorer le sort de la civilisation ? Pour les « savants » du passé, c'était la liberté totale, simple curiosité sans obligation de résultat. Aujourd'hui, nos institutions attribuent les contrats de recherche sur appels d'offres à thèmes, avec une perspective d'utilité, pour la médecine, pour l'entreprise, pour la société. C'est leur rôle, mais on peut se demander si les résultats concrets qui résultent de ces recherches à court ou moyen terme ne limitent pas une réflexion théorique et ambitieuse sur le long terme. L'expérience montre que l'accumulation de connaissances conceptuelles *a priori* inutiles peut permettre de résoudre des problèmes pratiques avec une grande efficience. En d'autres termes, est-ce que le simple désir de satisfaire sa curiosité n'est pas plus efficace pour faire les plus grandes découvertes ? N'était-ce pas le cas de Galilée, Leibniz, Newton, Laplace, Faraday, Hertz, Maxwell, Mendeleïev, Rutherford, Gauss, Bohr, Darwin, de Broglie et autres Einstein ?

### *THE USEFULNESS OF USELESS KNOWLEDGE*

En 1939, Abraham Flexner raconte l'histoire d'un mécène qui souhaitait donner sa fortune pour une cause d'intérêt général. Lorsqu'il demanda à cet homme généreux quel était, selon lui, le plus grand scientifique, à sa grande surprise la réponse fut : « Marconi »... Marconi fit une grande découverte pour l'humanité (la radio sans fil), mais sa participation fut en pratique négligeable, répondit Flexner, qui ajouta que tout le mérite en revenait à Clerk Maxwel, lequel mit en évidence, à partir de calculs mathématiques, les ondes électromagnétiques, en 1865, et à Heinrich Hertz, qui démontra, en 1887, que les signaux radio sont portés par ces ondes électromagnétiques. Or ni l'un ni l'autre n'avait eu l'idée que leurs découvertes puissent avoir la moindre utilité. Pas plus Hertz que Maxwell n'inventa la radio sans fil, mais leur travail théorique, en apparence inutile, fut astucieusement utilisé par un ingénieur, qui sut profiter de ces grandes découvertes théoriques pour faire une invention d'intérêt universel (qui lui apporta aussi la fortune).

La morale de l'histoire est qu'une recherche libre, fondée sur la seule curiosité, sans finalité concrète, peut être à l'origine de découvertes majeures. C'est aussi une façon de montrer qu'il n'y a pas une, mais des découvertes, réalisées par plusieurs scientifiques au profil différent. À l'inverse, d'autres grands scientifiques ont su remettre en cause de grandes questions théoriques, physiques ou biologiques, à partir de situations pratiques. Ce fut le cas de Pasteur, immense scientifique de formation physique et chimique, devenu biologiste, qui a acquis sa réputation par son travail sur la fermentation du vin et de la bière, le traitement de la maladie du ver à soie, la vaccination contre le charbon et la rage, ou par sa démonstration de l'absence de génération spontanée. Tel fut aussi le cas de Frederick Banting, auquel on doit la découverte de l'insuline, d'Alexander Fleming, découvreur des antibiotiques, et de bien d'autres.

Du reste, si on demande aujourd'hui à un scientifique de quoi il a besoin, le plus souvent il répondra : « de liberté et de temps ».

## Les grandes découvertes suivent toujours une rupture technologique (ou presque)

> « La question fondamentale n'est pas de savoir si les machines pensent, mais si les hommes pensent », Burrhus Frederic Skinner.

Pour découvrir, il faut voir ce qui est couvert, ce qu'on ne voit pas. Nos cinq sens ont des limites pour ce qui est de voir et de comprendre le monde. L'homme ne peut appréhender qu'une partie infime du réel. Son ingéniosité lui a heureusement permis d'inventer des instruments toujours plus performants, capables d'augmenter le champ de ce qui est perceptible. D'où la production de microscopes de plus en plus pointus pour voir le plus petit, de télescopes de plus en plus puissants pour voir le plus grand, de synchrotrons qui révèlent la structure de la matière, de microscopes à force atomique et autres spectromètres qui révèlent la signature d'un objet, etc. Les scientifiques ont même réussi à voir l'invisible à l'aide des méthodes de la physique corpusculaire (nature des atomes) et de la chimie (structure des molécules).

Cette segmentation en objets de plus en plus petits, apparemment dépourvus de signification, prend du sens lorsqu'on les assemble : ils finissent par donner une image cohérente du tout. L'identification d'un phénomène n'est pas suffisante, il faut encore quantifier, expliquer, réunir les données pour les généraliser si possible en un concept ou une loi. Après avoir mis en pièces tous les éléments d'un objet, il faut lui donner du sens, d'abord en soi (que dira dans mille ans l'archéologue qui trouvera un disque microsillon ? l'instrument d'un discobole ?), mais aussi en fonction des objets qui lui sont liés (l'utilité du disque microsillon ne peut se comprendre que si on dispose d'un tourne-disque). Le scientifique qui consacre sa vie à des objets minuscules, apparemment insignifiants, construit en même temps des modèles de plus en plus sophistiqués du fonctionnement de ces objets. C'est son but : à partir de l'objet le plus ténu, il espère interpréter le monde, au moins y tendre. Il y réussit, d'ailleurs : les physiciens ont contribué à la théorie de la relativité générale ; les biologistes ont permis de concevoir la molécule d'ADN et l'origine de la vie ; les astronomes ne semblent plus avoir trop de problèmes avec les limites de l'univers...

Conceptuellement, cette sorte de micro-anatomie s'applique à toutes les sciences confondues, jusqu'à comprendre en petit le fonctionnement du cerveau et en grand la conception de l'univers. Une innovation technologique peut à elle seule entraîner des découvertes en cascade : par exemple, le séquençage à haut débit qui a permis de séquencer une gigantesque quantité de bactéries dans les eaux d'égout est à l'origine de nombreuses découvertes[1]. Imaginer les découvertes du futur implique donc d'inventer de nouvelles machines, de nouveaux instruments, mais aussi d'améliorer ceux qui sont déjà disponibles. Conclusion : il n'y a pas de découvertes sans innovation. Une innovation en accélération continue. Si les connaissances techniques ont doublé tous les

1. Bernadette Bensaude-Vincent, *Sciences et Avenir*, numéro spécial, septembre 2021.

quinze ans depuis 1700, il est admis qu'*Homo sapiens* a plus contribué à la science au cours du dernier 1 % de son existence que pendant les 99 % qui précèdent.

En somme, l'intelligence de l'homme ne peut rien s'il ne dispose pas des moyens pour analyser la matière. C'est si vrai que, à l'inverse, des courants de recherche en pleine euphorie se sont interrompus ou ont stagné du fait de l'absence de techniques permettant d'aller plus loin dans le décryptage des phénomènes. Un exemple parmi d'autres nous est fourni au début du XXe siècle par les progrès fulgurants dans la compréhension du rôle que jouent les neurones, au détriment d'une autre partie des cellules nerveuses, les cellules gliales.

### La recherche sur l'autre moitié du cerveau interrompue pendant trente ans

La première description des cellules au sein du système nerveux date de la première moitié du XIXe siècle. Dès lors, les améliorations successives du microscope optique ont permis d'en décrire deux types, les neurones et les cellules gliales. La découverte revient à Rudolf Virchow en Allemagne et à son confrère Deiters en Grande-Bretagne. C'est seulement à partir des années 1880 que les questions concernant les relations entre ces deux types cellulaires et leur rôle respectif commencent à être posées : ces cellules communiquent-elles entre elles sous forme d'un syncitium, comme le soutenait Camillo Golgi (1843-1926), ou bien ces cellules sont-elles séparées les unes des autres comme le pensait Santiago Ramón y Cajal (1852-1934), tenant de la théorie neuronale qui a prévalu ?

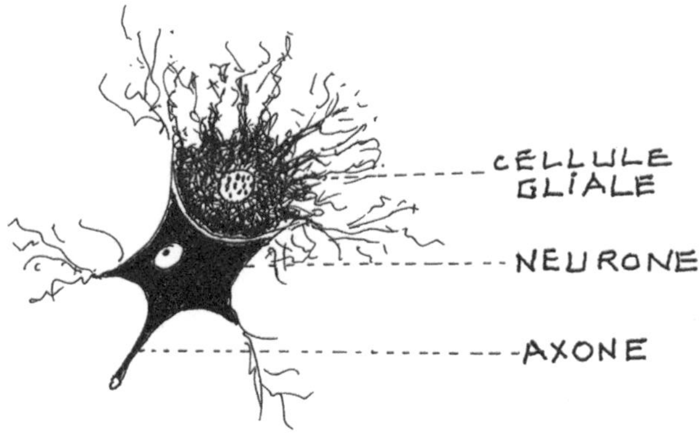


**Le couple neurone-glie (ici un astrocyte)**

À partir des années 1920, les travaux sur la physiologie des cellules gliales se sont quasiment interrompus. Pourquoi? Tout simplement parce que, à cette époque, l'amélioration des techniques électrophysiologiques (enregistrement intracellulaire à l'aide de micropipettes) a permis d'enregistrer des potentiels d'action dans les neurones, et non pas dans les cellules gliales. En effet, à la différence des neurones, les cellules gliales ne sont pas excitables et ne produisent pas de courant électrique. D'où l'explosion des découvertes en lien avec la fonction des neurones, avec le succès que l'on sait pour ce qui est de mieux comprendre le fonctionnement cérébral.

La stagnation de la recherche sur la fonction des cellules gliales entre les années 1920 et 1950 s'explique par le fait que cette science reposait exclusivement sur les études morphologiques. C'est seulement à partir des années 1950 que le développement de la microscopie électronique a montré que les cellules gliales qui entourent les neurones sont impliquées dans la neurotransmission. C'est le point de départ d'innombrables découvertes (potentiels de membrane, communication intercellulaire par des ondes calciques, etc.) démontrant le rôle des cellules gliales pour assurer la survie des neurones et le fonctionnement du cerveau. Il est aujourd'hui impossible de concevoir le fonctionnement du système nerveux sans tenir compte du couple neurone-glie[1].

Cette brève histoire montre que l'irruption d'une technique nouvelle permet l'initiation de découvertes majeures (le début de la neurophysiologie) ; à l'inverse, l'absence de techniques appropriées peut bloquer tout un pan de la recherche (celle qui a trait aux cellules gliales, lesquelles représentent la moitié des cellules nerveuses).

---

La mise au point de nouveaux appareils de mesure est donc plus que nécessaire au progrès scientifique : elle le déclenche et permet aux scientifiques de se mettre d'accord sur des bases saines, tout en évitant les affirmations non fondées. La dépendance du scientifique à l'innovation technologique est telle que science et ingénierie sont liées, pour le profit de l'une et de l'autre. Cependant, comme l'a souligné Didier Roux dans son cours au Collège de France en 2017, créativité scientifique et réalisation industrielle sont naturellement en conflit, parce que l'entrepreneur est obligé de concrétiser pour réaliser, alors que c'est moins le cas pour le scientifique, qui évolue davantage dans le monde des idées. Toutefois, il ne faudrait pas que le scientifique soit exclusivement dépendant de la technologie et qu'il vienne à penser qu'il suffirait de se procurer la nouvelle machine et d'appuyer sur un bouton pour voir ce que personne n'a vu. Combien sont-ils à décrire compulsivement ce qu'ils voient avec de

1. Xue Fan et Yves Agid, « At the origin of the history of glia », *Neuroscience*, vol. 385, 2018, p. 255-271.

nouveaux appareils jusqu'à s'écarter du questionnement originel ? À quoi servirait une machine surpuissante dans les mains d'un savant irréfléchi ?

Une autre difficulté vient de ce qu'à force de disséquer le réel, les observations deviennent de plus en plus précises, et le nombre des paramètres à analyser gigantesque. Plus c'est simple, plus cela devient compliqué ! C'est la raison pour laquelle le scientifique d'aujourd'hui ne peut plus se passer de l'informatique, qui seule peut proposer des algorithmes que l'intelligence de l'homme n'est pas capable de concevoir. Du reste, l'intelligence artificielle a déjà envahi les laboratoires, au point que des hypothèses sont proposées à partir d'une gigantesque quantité de données avant même d'émerger dans le cerveau du chercheur. Les exemples abondent : représentation des réseaux de neurones comportant des milliards de paramètres ; prédiction de la structure dans l'espace des protéines à partir de leur formule chimique ; multiplication par 10 de la résolution des images observées au microscope; démonstration de théorèmes jusque-là non résolus; modélisation et simulation de lois physiques, etc.

En bref, il n'y a pas de découverte sans innovation. Mais il n'y a pas non plus de découverte sans invention. Inventer, dit-on, c'est créer à partir de rien. Pas tout à fait, car l'inventeur dispose d'un cerveau, soit une machine vivante capable d'accumuler les expériences passées, de trouver des stratagèmes pour le présent et d'imaginer le futur. C'est la raison pour laquelle la genèse d'une découverte dépend essentiellement du découvreur.

## La personnalité du découvreur

### *Les chercheurs, une drôle d'engeance…*

> « Des chercheurs qui cherchent, on en trouve. Mais des chercheurs qui trouvent, on en cherche », Charles de Gaulle.

L'apparition de scientifiques en tant que tels est récente. Jusqu'au XVI$^{e}$ siècle, il y avait quelques isolés, ici et là. Faire de la science ne permettait pas de survivre. Puis vint la période des courtisans, qui trouvent un mécène, à la manière des artistes. C'est le cas du comte de Buffon, par exemple, mathématicien et homme de science, qui devint intendant des jardins du roi Louis XIV. Aujourd'hui, c'est un métier que de faire de la science. Les scientifiques se distinguent en deux catégories, ceux qui sont employés par l'État, avec des salaires indignes et des objectifs plus conceptuels, et ceux qui sont employés dans les entreprises, aux salaires plus satisfaisants, avec une finalité industrielle.

Tout se présente : les jeunes, les vieux, les chics, les débraillés, les farfelus, les prétentieux, les beaux parleurs, les effacés… Il n'y a pas de standard physique, en dépit des archétypes proposés par la littérature. Beaucoup, pas nécessairement les meilleurs, s'inscrivent dans un courant de pensée à la mode (faire comme les autres est rassurant pour qui a peur de ne pas être dans la course). Des courants scientifiques lancés par un laboratoire renommé ou par de glorieux infatués peuvent prendre forme et s'étendre pour s'éteindre, tombant piteusement dans l'oubli. Rares sont les scientifiques qui sont créatifs, capables de défendre une idée à laquelle ils croient ou d'aller rageusement à contre-courant… Il leur faut une solide confiance en eux !

Dans l'ensemble, les chercheurs sont sympathiques, modestes, rigoureux, honnêtes, généreux, simples, motivés. Ils sont plutôt intelligents, ce qui permet à certains « de faire l'imbécile alors que l'inverse est impossible », pour reprendre l'expression de Woody Allen. Ils détestent les mondanités, s'intéressent peu à leur mise. Ce sont des « petits-bourgeois » pour la plupart, des « bourgeois » (souvent issus d'une famille d'intellectuels) pour les plus favorisés, des militants parfois, exceptionnellement des héritiers. Ils ont des idées pour améliorer la société et aiment travailler en équipe. La plupart ont une vision matérialiste du monde. Républicains, ils ont le sens du bien public. À ma connaissance, celles et ceux qui ont voulu faire de la recherche avaient au départ une ambition plutôt modeste, celle de faire avancer la science. Ils ont donc choisi ce métier par idéal, avec conviction, en sacrifiant une autre partie de leur existence.

Passionnés, ils croient à ce qu'ils font au point d'en faire une mission. Certains, les plus talentueux peut-être, se confinent dans leur laboratoire, d'autres produisent des revues ou des livres grand public qui les popularisent auprès des médias et accèdent à une certaine notoriété.

Peut-on établir le profil créatif d'un futur chercheur et, *a fortiori*, celui du découvreur ? L'expérience montre qu'on se trompe. Il est des bons thésards en sciences qui feront des chercheurs moyens, il est des étudiants médiocres qui vont surprendre par leur créativité scientifique mais qui deviendront de mauvais directeurs de laboratoire. Pour savoir ce qu'on attend d'un futur grand scientifique, il faut d'abord savoir quelles sont les qualités requises pour devenir un bon chercheur. Mais il n'y a pas de profil type, et encore moins de recette pour les identifier. Comme pour toutes les classes d'individus, il y a tout de même quelques prototypes caricaturaux, plutôt rigolos.

**L'érudit, ennuyeux**

On dit souvent que les chercheurs sont des « savants ». Comment un scientifique pourrait-il ne pas avoir de connaissances ? Cependant, parmi eux, il y a des « érudits » instruits à l'excès. « Il sait tout », dit-on. Soigneusement vêtu, mais pas à la mode, le plus souvent isolé, il a réponse à tout, jusqu'à noyer la question posée dans un flot de références qui égarent. Il est travailleur, méthodique sinon opiniâtre, logique voire raisonneur, concentré sur sa tâche, persévérant et même tenace, ayant la critique facile et parfois destructrice (surtout vis-à-vis d'autrui), prompt à la controverse, parfois rigide, ce qui n'exclut pas qu'il soit sympathique.

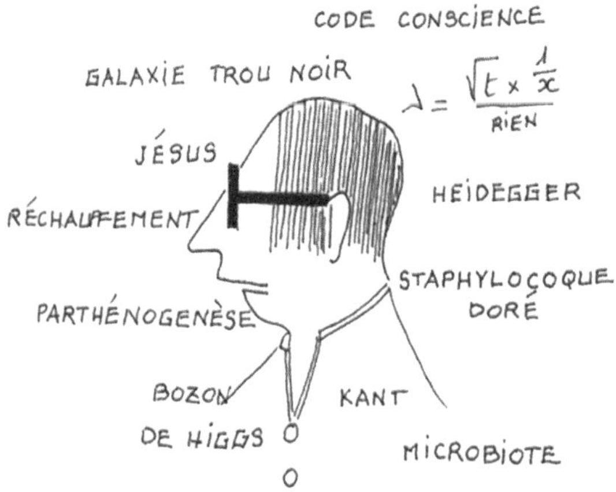

Accroché à une ligne de recherche à laquelle il croit de toutes ses forces, il n'est pas nécessairement créatif. L'excès de connaissances le rend sceptique. Son savoir l'égare et sa grande culture générale l'empêche d'extraire l'idée neuve du gigantesque fourre-tout de la littérature scientifique. Il y a néanmoins de grands chercheurs érudits.

**L'hurluberlu, ingérable**

C'est en quelque sorte l'opposé du profil précédent : rêveur, désintéressé, dilettante, dégingandé. Hors du temps, en marge de la société, il s'évade de la réalité, ne fait pas comme les autres. Imprévisible, il peut venir travailler la nuit plutôt que le jour. Curieux de tout, tête en l'air, il a l'air ingénu, voire crédule. L'afflux d'idées l'empêche de passer à l'acte. Plutôt paresseux, il a du mal à publier ses résultats. Toujours sympathique, parfois agaçant par sa distraction, il est aussi maladroit. Instruit, mais pas nécessairement dans son domaine de recherche, il se montre inventif et a des idées sur tout ; c'est un touche-à-tout qui passe facilement d'un sujet à l'autre. Lorsqu'il a une nouvelle idée,

il fonce, mais ce n'est pas un finisseur. Il a quelque chose de Gaston Lagaffe, même si un petit nombre serait plutôt du genre autiste.

C'est un imaginatif, un intuitif, un vrai créatif (créativité et crédulité vont-elles de pair ?). Modeste, agréable, il n'étale pas son savoir et il est donc apprécié par ses compagnons, même s'ils le craignent aussi, car il est difficile à gérer. C'est un profil très précieux, car il apporte les idées inattendues au sein de l'équipe scientifique.

**Le *novelty seeker*, dangereux**

Toujours à la recherche de la nouveauté, il ose, même pour se lancer dans l'invraisemblable, et il fonce, sans barrière. Séduisant, il impressionne. Véloce, brillant, imprévisible, parfois exalté, il peut prendre des airs. Volontiers mondain, il séduit, ce qui est utile pour obtenir des crédits. S'il est hâbleur, mais c'est rare, il est exaspérant.

Il prend des risques jusqu'à commettre des bévues, mais il peut être superbement efficace. Admiré ou craint (« qu'est-ce qu'il va nous faire encore ! »), il peut embellir ses travaux pour briller en public. Aussi n'est-il pas toujours bien accepté dans l'équipe de recherche. C'est dommage, car il est probablement le plus apte à faire une découverte.

**L'obsessionnel-compulsif, agaçant**

Son profil est à l'opposé du précédent : il a l'obsession de bien faire qui se traduit par une activité compulsive de vérification. Scrupuleux, il n'a pas le droit à l'erreur, sa critique est destructrice. Il doute, mais n'est pas vraiment sceptique. Il craint de se tromper, donc il vérifie tout. Il voit tout de suite la faute, refait dix fois les calculs pour être sûr. Il va jusqu'au bout, quitte à refaire l'expérience parfaitement réussie plusieurs fois.

C'est une grande qualité d'être rigoureux et d'avoir des doutes, sauf si les hésitations l'emportent sur la concrétisation.

Les idées tendent à devenir étroites. Voilà un excellent profil dans une équipe pour assurer la rigueur du travail produit, mais il peut arriver que ses collègues de travail s'exaspèrent de sa lenteur.

**Le « mégalo », insupportable**

Égocentrique, il est plus fat qu'orgueilleux, en tout cas prétentieux. Râleur, donneur de leçons, raisonneur, méfiant, il ne doute pas. Condescendant, voire méprisant avec les plus faibles, il est volontiers obséquieux avec les forts, ce qui est d'autant plus dangereux qu'il affecte le ton de la camaraderie. Dogmatique, il rencontre des succès qui le conduisent évidemment à croire qu'il vaut mieux que ce qu'il est. Le risque, c'est la tendance paranoïaque (la personnalité paranoïaque est caractérisée par l'orgueil, la méfiance et le paralogisme, c'est-à-dire la capacité de raisonner juste sur des bases fausses). Avide de reconnaissance, il aime être admiré. Champion de la compétition, il suit de près les classements internationaux.

Comme il adore se mettre en avant, il court les médias. Addictif aux honneurs, il risque de devenir mégalomane.

C'est un profil qui n'est pas facile à détecter chez le jeune chercheur potentiel qui est souvent effacé, voire obséquieux (la première règle pour un directeur de laboratoire est de s'assurer qu'il ne recrute pas un paranoïaque !). Sa satisfaction de lui-même apparaît au grand jour quand il dirige les autres. Et ce trait ne s'arrange pas avec l'âge ! Lorsque son orgueil s'exprime sur le mode hystérique, il a l'air plutôt comique, au moins de loin. Quand il le fait sur le mode revendiquant, c'est une plaie pour la communauté scientifique.

**Le spécialiste, inattendu**

Les spécialistes savent « tout sur quelque chose et rien sur le reste », disait Ambrose Bierce. Un spécialiste, par exemple, a humblement travaillé toute sa vie sur une espèce de champignon disparu ou sur le catalyseur d'une enzyme apparemment sans intérêt (qui seront peut-être plusieurs années après à l'origine de découvertes majeures). Volontiers grincheux, il a tendance à critiquer ceux qui l'ont précédé. Peu habitué à la pédagogie, il est généralement incompréhensible.

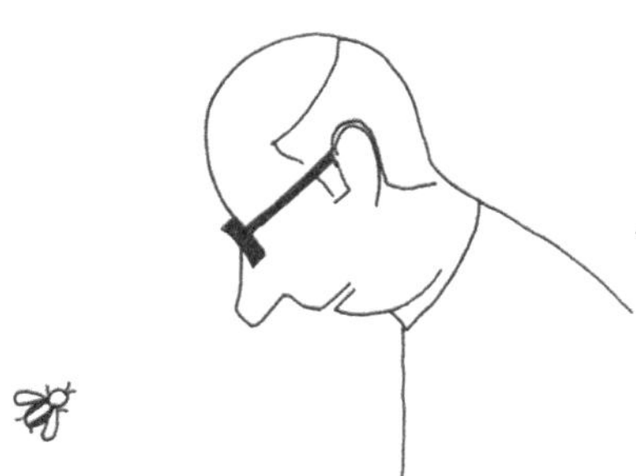

Un autre n'avait rien fait de particulier pour être connu, mais, comme il a décrit une mutation dans une affection rarissime qu'il est le seul à connaître (ce qui lui a permis d'examiner la dizaine de patients qui lui ont été adressés des quatre coins de la terre), il est tout heureux d'être sorti de l'anonymat.

Ces spécialistes, peu nombreux, sont connus dans leur milieu pour leur expertise. Souvent cités dans les médias, ils sont précieux pour résoudre de rares problèmes particuliers avec efficacité. Il peut arriver qu'ils trouvent un mécanisme original au profit de tous.

**Le théoricien, visionnaire**

Celui-là vit dans le monde des idées. Il y a deux profils opposés : le séducteur qui vit dans les sphères du pouvoir et/ou de la mondanité ; l'intellectuel modeste qui n'aime pas qu'on parle de lui. Dans tous les cas, instruit, ce théoricien a une vision du futur de son domaine scientifique. Ses idées sont hardies. Logique, il convainc. Réfléchi, il anime les débats. Intelligent, il produit des synthèses définitives.

Mauvais expérimentateur, il a parfois du mal à s'imposer. Respecté, il rédige des articles pour les meilleures revues scientifiques. Ses conférences ont beaucoup de succès, même si personne ne comprend. À la tête d'une grosse équipe, c'est lui qui tire les bénéfices en termes de reconnaissance. Quand il n'acquiert pas vite la notoriété, il finit bien souvent dans les sphères administratives ou politiques de haut niveau. Mais le système ou la théorie qu'il a inventés ne sont-ils pas promis à l'oubli ?

**Le chercheur « fou », inutile**

Ce n'est pas le genre du professionnel recruté dans les organismes de recherche, mais plutôt un profane qui a le goût de l'invention. Il a généralement une bonne opinion de lui-même, adore le concours Lépine et écrit des notes bien faites à partir d'idées saugrenues ; mais il peut aussi proposer des solutions confuses, voire délirantes (à l'instar de l'un de mes patients qui avait inventé le moyen de faire rouler les autos gratuitement, en plaçant sur le toit une baignoire remplie

d'eau, laquelle, chauffant au soleil, permettait de produire l'énergie nécessaire au fonctionnement du moteur). Il est strictement inefficace, essentiellement parce qu'il n'a aucune connaissance scientifique de base.

Souvent considéré comme un « doux dingue » sympathique, il peut donner quelques idées quand il se contrôle. Comme il spécule sur l'aléatoire, il se montre dangereux chaque fois qu'il lui vient à l'esprit de construire des protocoles de recherche clinique approximatifs, de proposer des solutions thérapeutiques illusoires ou de remettre en question les grandes lois physiques qui régissent le monde. Bête noire des scientifiques, il amuse les médias de pacotille. De tout temps, d'excellents scientifiques se sont fourvoyés ainsi en substituant la croyance à la connaissance.

### Comment un neuropsychiatre célèbre fut gagné par l'irrationalité[1]

Jules Luys (1828-1897) fit une carrière brillante de neuropsychiatre comme médecin chef à l'hôpital de la Charité à Paris. Intelligent, affable, chaleureux, travailleur, il était connu pour ses travaux d'anatomie et célèbre pour avoir décrit une petite structure à la base du cerveau qui porte son nom, le corps

1. Olivier Walusinski, « De la connaissance à la croyance ou l'égarement de Jules Luys, un cheminement intellectuel toujours d'actualité », *Annales médico-psychologiques*, vol. 180, n° 4, 2022, p. 366-374.

de Luys ou noyau subthalamique, dont la lésion est à l'origine de l'hémiballisme (la renommée de cette structure cérébrale a été réactivée à l'occasion du traitement neurochirurgical de la maladie de Parkinson par stimulation électrique continue de ce noyau[1]).

Brusquement, vers la soixantaine, ce grand scientifique se plonge dans l'étude de l'hystérie pour livrer les plus extravagantes constatations avec la certitude d'avoir raison et sans autocritique : effets des aimants sur l'activité cérébrale attribués à l'existence « d'effluves cérébrales » ; séances publiques d'hypnotisme sur des patientes hystériques, en réalité des simulatrices qui étaient préparées à son insu pour faire le spectacle ; expériences pour prouver l'action à distance des médicaments, en appliquant des tubes contenant de l'essence de fenouil, de thym, de poivre, qui déclenchaient des émotions de peur, d'effroi, de gaieté ; hypnotisation collective de patientes hystériques à l'aide d'un miroir rotatif, dit miroir aux alouettes, etc. Comment un savant de ce calibre a-t-il pu se fourvoyer dans l'irrationnel de cette façon ? Sa personnalité impressionnable et crédule, son ardeur à se faire valoir auprès du public, la célébrité de Jean-Martin Charcot qu'il cherchait à imiter ? Probablement tout à la fois.

Son histoire montre qu'on peut être à la fois un grand découvreur prestigieux et un égaré qui sombre dans l'irrationnel. Comme chacun sait, ce type d'élucubrations se pérennise aujourd'hui avec une célérité affolante…

1. Patricia Limousin *et al.*, « Effect on parkinsonian signs and symptoms of bilateral subthalamic nucleus stimulation », *The Lancet*, vol. 345, n° 8942, 1995, p. 91-95.

**L'ingénieux, précieux**

Concret, pratique, sérieux, il n'aime pas la théorie. C'est un expérimentateur né : il bricole, met au point des gadgets astucieux, répare les machines défectueuses pour son compte et pour les autres. Très engagé dans son métier, il est généreux, serviable, toujours prêt à aider. Respectueux des règlements, volontiers militant, il est jaloux de son indépendance.

Sa présence est capitale au sein d'un laboratoire dont le fonctionnement repose sur la technologie et la mise au point de nouvelles méthodes, mais il reste prisonnier de son sens pratique. C'est la raison pour laquelle, tout en participant aux commissions paritaires, il aime travailler avec les rêveurs, les faiseurs d'idées. Certains, mais ils sont rares, utilisent avec bonheur leur ingéniosité pour conceptualiser des projets scientifiques – une démarche à rebours du chemin intellectuel classique.

**Le *startuppeur*, nouveau riche ?**

Une nouvelle génération de chercheurs souhaite trouver des applications à leur travail en « montant une *start-up* ». Pourquoi ces jeunes thésards quittent-ils l'austérité de la recherche publique ? Ils pourraient être recrutés dans l'industrie, mais ils veulent être indépendants, pour le plaisir de monter une société, la perspective de s'enrichir à la manière de ces scientifiques milliardaires de la côte ouest des États-Unis… Ce sont des chercheurs qui ont compris les besoins du marché ; leur but est peut-être de s'enrichir, mais aussi de rendre service à la société en proposant des innovations pratiques.

Monter des *start-up* en France, dont l'industrialisation n'est pas en avance, est certainement une bonne chose. D'un autre côté, on peut se demander comment un chercheur, aussi brillant soit-il, peut à la fois continuer à développer des

concepts nouveaux et s'initier aux lois capitalistes pour devenir un entrepreneur à succès. Est-ce pour cela que la plupart des *start-up* échouent ?

**L'avant-gardiste, dans le fantasme**

Pour lui, *Homo sapiens* est indéfiniment perfectible. Il faut donc tout faire pour inverser le processus de vieillissement en identifiant les gènes de l'éternité, créer de petits génies en apportant le gène de l'intelligence dans des embryons, introduire des microprocesseurs dans le cerveau des personnes séniles pour leur redonner de la mémoire, installer une nouvelle civilisation sur la planète Mars, etc. Comme Jules Verne, mais avec un vrai bagage scientifique et technologique, il se concentre avant tout sur l'intelligence artificielle et les progrès inouïs de l'informatique.

Souvent considéré comme un rêveur ou comme un dangereux imposteur, ce visionnaire contribue effectivement à l'avancée de la science en identifiant des voies de recherche

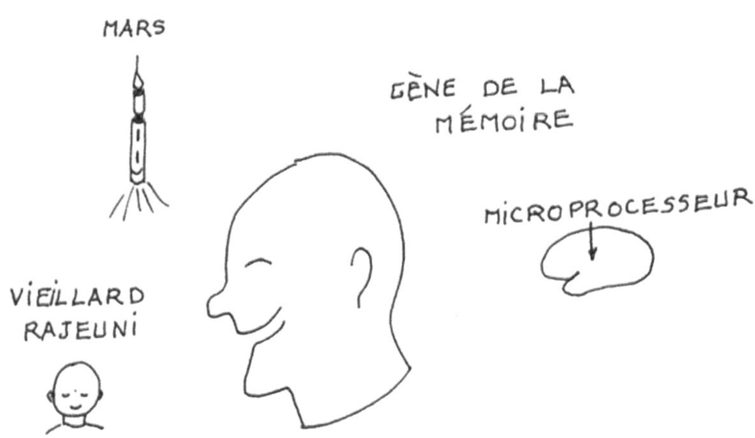

inspirantes pour les chercheurs et les entrepreneurs. On peut attendre de lui de formidables progrès en matière de communication, mais il manifeste une méconnaissance de la complexité du vivant, surtout du cerveau, et un transhumanisme outrancier qui ajoute un questionnement éthique supplémentaire à l'humanité, qui n'en avait pas besoin.

**Ceux qu'il faut craindre**

De l'inoffensive nullité jusqu'à la stupidité infatuée, certains scientifiques n'ont vraiment aucun talent : ils ne sont pas faits pour la recherche, ils s'y ennuient. Ils n'ont pas le « truc » et s'abandonnent aux automatismes comme s'ils avaient perdu la foi. Strictement inefficaces, ils ne font rien, ou, quand ils font quelque chose, leur action ne sert à rien (c'est ainsi qu'Alphonse Allais avait trouvé que le café était « un breuvage qui fait dormir quand on n'en prend pas »).

Sans oublier les nuls compétents, véritables constipés intellectuels, qui « se trompent selon les règles » (selon la formule de Thomas Edison) ; les sceptiques à outrance qui disent d'abord « ça ne marchera jamais », puis « qu'est-ce que ça apporte », enfin « je l'ai toujours dit » (pour paraphraser William James). En fait, ces oiseaux-là sont rares, car, pour devenir chercheur professionnel, il faut passer par une sélection impitoyable au terme d'une formation particulièrement difficile. Ceux d'entre eux qui se rendent compte de leur erreur d'orientation sont supportables, ils trouvent aisément d'autres positions professionnelles attractives. Rares sont ceux qui, bons acteurs, finissent par s'identifier au personnage du scientifique.

Parmi les scientifiques, on en rencontre encore, malheureusement, qui ne sont capables d'aucune autocritique, et, si ces ambitieux acquièrent des responsabilités, ils deviennent une plaie pour leur directeur de laboratoire et un danger pour leur communauté. Heureusement que cela n'arrive jamais…

Un autre cas, rarissime, est celui du « gros malin » qui s'inspire du travail des autres et « pique » éventuellement leurs idées pour les publier avant eux. Dans l'insensée compétitivité scientifique, il y a même d'exceptionnels « gros malhonnêtes » qui inventent des résultats, mais ceux-là sont immédiatement exclus de la communauté scientifique. C'est sans doute la dictature du *publish or perish* qui pousse ces malheureux à franchir les limites de la morale. À cet égard, pensons à la remarquable expérience de Stanley Milgram (1933-1984), qui montra dans les années 1960 que chacun peut passer outre les limites de l'acceptable en étant soumis à l'autorité.

## L'EXPÉRIENCE DE MILGRAM (1960)

L'expérience se déroule après les horreurs de la Seconde Guerre mondiale, durant laquelle les acteurs des massacres avaient cru bon d'obéir aux ordres. L'objectif était d'évaluer jusqu'à quel point un individu était capable de franchir les règles morales habituelles lorsqu'il était soumis à des ordres contrevenant à la morale. Pour cela, une équipe américaine, à Yale, a conçu un protocole de recherche destiné à mettre en évidence la «banalité du mal» et les effets négatifs de la bureaucratie. Le principe était de demander à un volontaire de jouer le rôle d'enseignant chargé, sous la supervision d'un directeur de l'expérience, de poser des questions à un élève, afin de tester ses capacités d'apprentissage. À chaque réponse fausse de l'élève, ce volontaire (qui est l'objet de l'expérience) devait envoyer à l'élève une décharge électrique pouvant atteindre un maximum de 450 volts. En réalité, l'élève ne recevait aucune décharge. Il s'agissait d'un acteur professionnel, de même que le prétendu directeur de l'expérience.

Le faux élève commençait par dire qu'il souffrait, puis il hurlait et finissait par supplier l'enseignant d'arrêter. Si l'enseignant examiné émettait des doutes, il était vivement encouragé par le faux directeur à poursuivre l'expérience. Or plus de la moitié des enseignants tortionnaires sont allés jusqu'à 450 volts, et seul un petit nombre a rapidement refusé de poursuivre l'expérience.

Cette expérience très connue montre qu'un être humain est capable d'oublier des règles morales élémentaires et qu'il peut se soumettre au pouvoir de manière inconsidérée. Autrement dit, le monde ne se scinde pas entre tortionnaires et gens normaux; un sadique sommeille en chacun d'entre nous, comme en témoigne assez, du reste, l'histoire de l'esclavage, de l'extermination des Indiens d'Amérique, du génocide arménien, de l'invraisemblable extermination systématique des Juifs pendant la Seconde Guerre mondiale.

L'expérience de Milgram a ouvert la voie, dans cette deuxième moitié du XX^e^ siècle, à une recherche psychologique attachée à comprendre les mécanismes des grandes fonctions mentales intellectuelles, affectives, et même morales.

---

Il y a enfin le cas de l'ignorant, renseigné sur tout ce qu'il ignore, qui inonde les médias de propositions alléchantes dépourvues de base scientifique (crèmes anti-âge qui ne sont que du gras, recettes inappropriées pour rester jeune, régimes dangereux pour perdre du poids, substances naturelles inutiles qu'on retrouve joyeusement dans les urines, etc.) et de propositions thérapeutiques aberrantes, dont certaines figurent dans le champ inoffensif du placebo (homéopathie), mais d'autres frisent l'escroquerie (l'injection de cellules embryonnaires). Dans cette nébuleuse, ces effroyables exploitants de la bêtise aux pratiques pseudo-scientifiques relèvent parfois de dérives sectaires[1]. Le succès dépend certes de la crédibilité des utilisateurs, mais aussi de la force de conviction des investigateurs, qui raisonnent sur des bases fausses et qui peuvent aller jusqu'à la folie raisonnante.

Ce sont des escrocs, dira-t-on. Pas toujours. La plupart n'agissent pas par perversité ; bien au contraire, ils le font pour ce qu'ils considèrent être l'intérêt général, qu'ils prétendent

1. Jean-François Marmion (dir.), *Psychologie de la connerie*, Paris, Sciences Humaines Éditions, 2018.

servir de manière révolutionnaire par ces découvertes illusoires. Ils inventent des « placebos » qui auront d'autant plus de succès qu'ils sont persuadés de leur efficacité. Il ne faudrait pas croire qu'il s'agit de cas exceptionnels. C'est même là où la raison est prise en défaut : ces pseudo-découvreurs ne sont pas les plus ignorants ou les moins intelligents, et parfois ce sont même d'excellents scientifiques qui ont fait de réelles découvertes. Ce qui démontre la puissance de la conviction-passion qui l'emporte sur la raison. Après tout, cela n'a rien d'étonnant quand on sait que, parmi des étudiants de Ier cycle du cursus de science, 68 % pensent qu'on peut tordre une cuillère « par le pouvoir de l'esprit » et que 52 % ne croient pas à « la dilatation relativiste du temps », c'est-à-dire à la relativité générale[1].

1. Georges Charpak et Henri Broch, *Devenez sorciers, devenez savants*, Paris, Odile Jacob, 2002.

Comment pouvons-nous accepter des inepties pareilles ? La réponse est triviale : le manque d'éducation scientifique de la population générale frise l'indécence.

Comment se fait-il que parmi les milliers ou centaines de milliers de scientifiques on ne se souvienne que de quelques noms ? Et pourquoi ceux-là plus particulièrement ? La réponse est qu'il y a une « starification » de la recherche, comme il y a des stars parmi les artistes, les acteurs et les sportifs. Qu'est-ce qui fait une star ? Le talent, certainement, mais il n'est pas rare que la forme l'emporte sur le fond. Combien sont-elles ces vedettes vénérées du public qui sont de médiocres scientifiques à la gloire passagère ? Et combien sont-ils ceux, si nombreux, qui n'ont l'air de rien et qui peuvent faire ce dont personne d'autre n'est capable, passionnés et compétents, modestes et désintéressés, ces anonymes qui assurent les avancées de la science sans se mettre en avant ? Ce sont eux qui sont à l'origine des grandes découvertes.

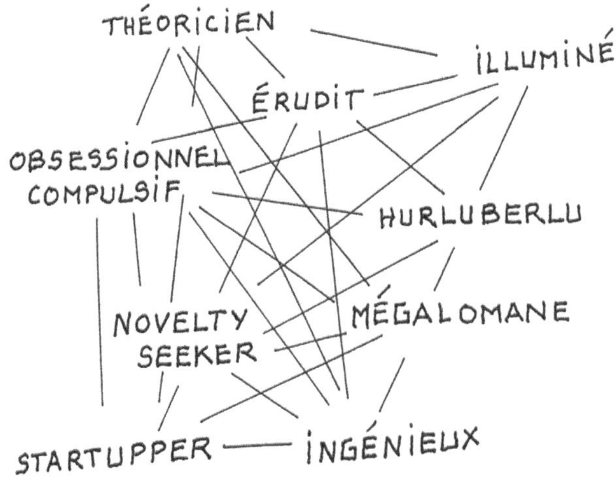

Il n'y a donc pas de nosographie du chercheur, pour la bonne raison qu'il n'y a pas de paramètres validés qui permettent de proposer un classement cohérent. Mais quel pourrait être, au vu de cet échantillonnage, le profil du bon scientifique? Si on le savait, tout serait si simple... Or ce n'est pas le cas, et cela parce que les chercheurs sont comme tout le monde. Ils ont les traits de personnalité évoqués plus haut, souvent contradictoires, et à des degrés divers. Toutefois, d'après une élite scientifique consultée, le bon scientifique serait passionné, curieux, rigoureux, travailleur et persévérant[1].

*Qui sont les « bons scientifiques » ?*

> « Regarder les choses comme on doit les regarder, sans se laisser prendre par leur banale apparence comme ont toujours su faire les membres de notre vieille tribu, ceux qu'on appelle parfois les charlatans ou les saltimbanques », Romain Gary.

Pour résumer, et pour sourire, on pourrait identifier deux classes de bons scientifiques, le saltimbanque et le géomètre : le géomètre, c'est le raisonneur, le performant conforme ; le saltimbanque, c'est l'artiste qui s'amuse, le performant non conforme.

1. Voir l'Épilogue.

**Le géomètre**

Ce « performant conforme » pense dans un univers clos et construit sa recherche comme une base de données qui s'élabore progressivement en ajoutant patiemment les pièces manquantes. Il ne s'écarte jamais des chemins tracés, des routines intellectuelles. Il est prisonnier des techniques et des modes, et de sa propre rectitude. Sa pensée est linéaire ou binaire, éventuellement circulaire. Il déploie une lourde machine logique, en sa qualité de prestidigitateur des combinatoires. Il se montre cependant soucieux de suivre scrupuleusement les règles. Cet apparatchik ne conçoit pas la recherche comme un divertissement. Il s'accroche à ses idées, habituellement sans humour, même s'il fait semblant d'en avoir ; mais il est terriblement efficace, produisant un nombre considérable de résultats robustes, utiles pour la communauté scientifique.

Son cerveau fonctionne bien, avec régularité. Ses réseaux de neurones sont surutilisés, et l'apprentissage les fige au point qu'il lui devient impossible d'utiliser de nouveaux circuits neuronaux. Le chef d'orchestre de son cerveau, le cortex frontal, est enraidi, prenant difficilement le pas sur le reste du cerveau, si bien que les activités automatiques surapprises, libérées faute de contrôle, dominent.

**Le saltimbanque**

Ce « performant non conforme », à l'opposé, est suffisamment souple pour savoir changer de catégorie ; il pense différemment, sans hésiter à « penser l'impensable » ou à voir les choses autrement, souvent de façon simple – à la manière de Pierre Dac qui disait: « On croit qu'un appartement est bas de plafond alors qu'il est simplement haut de plancher. » Volontiers déjanté, il est mis en joie par toute combinaison intellectuelle inattendue. Il a des facilités, mais il ne cherche pas à se perfectionner. Il cherche l'imprévu, il veut sortir des contingences. Il prend des risques, prêt à faire fausse route, passe outre les idées reçues, s'en affranchit. À force d'imaginer des buts inatteignables, des raccourcis élégants, il peut faire fausse route. Plutôt imprévisible, son humour est décalé, mais il rit aussi de lui-même. Il peut séduire, car il n'est pas sans grâce, mais il est difficile de le contenir… C'est un artiste, un joueur.

Ce performant non conforme téméraire dispose d'un cerveau tout différent: une « souplesse neuronale » lui permet de s'adapter aux contingences et au vacarme intellectuel du moment, et de libérer ses facultés mentales pour qu'elles s'épanouissent. Il n'est possiblement pas à l'abri d'écueils: l'inefficience innocente, le délire d'invention, le « bazar » cxaspérant, ctc.

L'idéal serait de conjuguer les deux profils, celui du géomètre et celui du saltimbanque. Mais comment peut-on être en même temps tenace et flexible? Érudit hyper-mnésique et hurluberlu? Obsessionnel et illuminé? Peut-on avoir toutes ces qualités en même temps? Est-ce que cela existe? Peut-être chez les génies…

## *Qui sont donc, parmi les bons scientifiques, les découvreurs ?*

> « Le génie, c'est l'action aisée, sans délibération, sans erreur et imprévisible », Émile-Auguste Chartier, dit Alain, *Éléments de philosophie*, 1916.

Tout existe : les chercheurs connus et ceux qui ne le sont pas, les personnalités attachantes et celles qui le sont moins, ceux qui ont l'esprit clair, mais qui ne sont pas nécessairement perspicaces, et ceux qui voient juste, mais qui sont parfois confus, ceux qui ont le culte de la science avec ses rituels et ses grands prêtres, et ceux qui conçoivent la recherche comme un jeu avec ses règles, les accrocs à la paillasse et les autistes pour lesquels elle est un exutoire, ceux qui se prennent au jeu et qui finissent par croire qu'ils sont les hauts dignitaires de la science et ceux qui, tâcherons, sont à la mine dans leur laboratoire. Il y a ceux qui ne font pas de découvertes, et il y a des découvreurs qui ne sont pas nécessairement de bons scientifiques ! On s'accordera toutefois sur un point : il faut être un peu à part pour découvrir.

Aux deux extrémités du spectre des personnalités scientifiques sont les héros de Spirou et Tintin. D'un côté, Zorglub, le savant illuminé, est un mégalomane qui ne connaît pas le doute, qui cherche la puissance et méprise apparemment les autres, et qui a en même temps quelque chose d'attendrissant par sa volonté d'améliorer la condition humaine. De l'autre, le professeur Tournesol se montre modeste, sans ambition personnelle, inénarrable distrait qui peut paraître ahuri ; on devine pourtant qu'il est génial.

*In fine*, pour être un découvreur, il faut bien arriver à cette modeste conclusion : il suffit d'être doué ! Certes, il faut viser haut, disposer d'une bonne culture générale, travailler plus, savoir s'entourer, etc. Ces conditions sont nécessaires, mais loin d'être suffisantes, puisque, on l'a vu, il convient non seulement d'anticiper le mouvement de pensée scientifique en devenir, mais aussi de prévoir les méthodes qui permettront de répondre aux questions qu'on se pose.

Être doué de nature pour la recherche ne suffit pas pour devenir une étoile de la science. Il y a des grands scientifiques qui n'ont jamais eu l'occasion d'exercer leur talent, comme ce héros de Mark Twain, le plus grand conquérant de tout l'univers, qui n'a jamais exercé ses talents puisqu'il fut toute sa vie barman à Chicago[1]… Plus communément, combien y a-t-il de héros de la créativité qui n'ont pas les qualités suffisantes pour faire valoir leur suprématie ? Il est fréquent de voir les scientifiques qui ont tous les atouts pour faire de la recherche, sauf le génie… Il en est probablement

1. Mark Twain, *La Visite du capitaine Tempête dans le ciel [Captain Stormfield's Visit to Heaven]*, 1909.

des grands scientifiques comme il en est des autres grands champions : ces magnifiques Kenyans qui sont capables de courir un marathon en deux heures ou ces joueurs d'échecs qui peuvent faire soixante parties en aveugle avec des adversaires différents. Il y a une différence, toutefois : les sportifs de haut niveau déclinent après une trentaine d'années, ce qui n'est pas le cas de la plupart des scientifiques, qui font leurs découvertes sur le tard (surtout les biologistes, dont le champ scientifique est si complexe, à la différence des mathématiciens réputés faire leurs découvertes avant trente-cinq ans). En outre, de même que des athlètes de haut niveau qui excellent dans leur discipline peuvent se démarquer dans d'autres sports, les génies scientifiques qui réussissent dans leur discipline peuvent briller dans d'autres domaines.

À côté de ces individus doués, il y a des génies. Comment devient-on un génie ? D'un côté, ils se construisent, créent leur réputation, dans l'échange, la confrontation, la controverse. D'un autre côté, ils ont ce que les autres n'ont pas.

**Y a-t-il un portrait-robot du « chercheur génial » ?**

Il existe probablement plusieurs portraits possibles de chercheurs géniaux, en voici un :

C'est « un stratège et un tacticien ». Un stratège a une vue d'ensemble, une capacité de jongler avec les idées abstraites en mettant de côté les questions futiles, mais qui, en même temps, sait ne pas négliger une foule de détails qui peuvent conduire à l'inattendu. Doté d'un esprit de conquête, il a des idées, et il permet surtout aux autres d'en avoir. C'est aussi un tacticien qui s'adapte et qui n'hésite pas à ouvrir de nouvelles pistes. Il a le don de saisir le moment propice pour ne pas rater l'occasion, il sait prendre des initiatives quand son intuition et les données récentes de la science se conjuguent. C'est un visionnaire pour lui-même et pour les autres.

C'est une « machine intellectuelle autonome ». Clairvoyant, il imagine toutes les étapes qui conduisent au succès. Perspicace, il sait éviter les combinaisons qui égarent. Face au foisonnement des travaux publiés, il a le discernement qui lui permet d'avoir des idées simples. Il arrive à se focaliser sur un thème de recherche ambitieux. En même temps, il est indépendant : il sait être lui-même, ce qui lui permet de s'écarter des courants de pensée ambiants. Il a donc une véritable autonomie de pensée.

C'est un « adolescent instruit ». Il a une ouverture d'esprit qui lui permet de se dispenser des préjugés et d'aller à l'encontre des modes et des idées reçues. Son imagination est débordante, mais contrôlée par le raisonnement, et adaptée à la stratégie de recherche qu'il s'est donnée pour objectif. Rêveur, fantaisiste parfois, il a su « garder en lui un enfant caché », selon les mots de Romain Gary. En même temps, c'est un puits de connaissances bien assimilées qu'il peut utiliser de façon quasi automatique, sans même s'en rendre compte (subconsciemment) – comme ces champions de tennis ou de billard qui maîtrisent aisément leurs gestes –, ce qui lui permet d'échafauder des hypothèses hors du commun (consciemment).

C'est un « lutteur qui s'amuse », un lutteur parce qu'il est tenace, persévérant jusqu'à s'engager tout entier dans la recherche qu'il mène. Il entreprend et il va jusqu'au bout. Passionné, il a le culte de la science, avec ses rituels et ses dévotions. En même temps, c'est un joueur, attentif au plaisir d'une découverte qui couronne des années de labeur, ainsi qu'aux petits plaisirs répétés des expériences réussies. La recherche est pour lui un divertissement, un jeu, mais cela peut le conduire au puits sans fond de l'addiction.

C'est « un artiste qui trouve ». Un artiste, car il est capable d'inventer, et il trouve, ce qui le distingue du scientifique qui est aussi doué mais qui ne trouve pas toujours. Il considère que tout résultat expérimental n'est que le cas particulier d'une théorie générale à inventer. Il fait avancer la science, surprend ses pairs par son audace, fait ou est à l'origine de découvertes significatives.

Parmi ces découvreurs, il y a les génies hors du commun, dès l'enfance, doté d'une surprenante précocité : outre Mozart, bien sûr, prenons l'exemple de Blaise Pascal (1623-1662).

## Blaise Pascal (1623-1662), un « effrayant génie » selon Châteaubriand

Avec quelques autres (Aristote, Descartes, Leibnitz, Newton…), Pascal fait partie de ces personnages déconcertants qui sont à la fois philosophe, mathématicien, physicien, et même théologien. Son génie se déploya depuis son enfance jusqu'à sa mort prématurée, à l'âge de trente-neuf ans. Il fut précoce, au point que, dès qu'il abordait une question, il la résolvait. Polyvalent, il publie l'*Essai pour les coniques* à dix-sept ans, après un traité d'acoustique rédigé à partir de ses onze ans ; il invente sa calculatrice à dix-neuf ans, la « pascaline », qui permet de faire des additions et des soustractions à huit chiffres (qu'il essaiera de commercialiser); il confirme et interprète les travaux de Torricelli sur la pression atmosphérique à vingt-cinq ans; il produit le *Traité du triangle arithmétique* à trente et un ans, etc.

Un autre facteur est déterminant pour devenir un découvreur: les parents et le milieu, comme chez les artistes et les sportifs. Les qualités héritées de l'un des parents ou des deux ont leur rôle à jouer, de même que, et peut-être plus encore, l'environnement intellectuel au sein duquel le futur découvreur évolue, qui est caractérisé par le culte de la raison, l'éthique républicaine, la curiosité naturelle, et dans lequel le progrès est présenté comme chose sacrée, la science comme évidence, le concours des grandes écoles comme objectif.

*Comment devient-on découvreur?*

On comprend que l'étudiant qui s'engage dans les disciplines scientifiques soit pris d'angoisse. S'il choisit ce métier, il faut bien qu'il pressente qu'il a quelque don. Or j'ai toujours été frappé par le fait que cette question n'était pas le souci principal des aspirants chercheurs. Curieusement, ils ne se posent pas la question de savoir s'ils sont faits pour la recherche. Il me semble que beaucoup jouent au «scientifique», font de la science comme s'ils en étaient les interprêtes au service des idées dominantes. On dira : à force de jouer au scientifique, on finit bien par l'être…

Cependant, une chose est sûre : on ne fait pas de la recherche en amateur. Pour les stratèges rompus à la dialectique scientifique, c'est éventuellement une sorte de « prison mentale » qui amène à ressasser les échecs du passé, mais aussi à imaginer de nouvelles théories, parfois jusqu'à l'absurde. Pour les plus passionnés, la recherche est une sorte de folie monomaniaque contrôlée dont il faut savoir s'échapper. Pour la plupart, qui n'ont l'air de rien mais qui sont capables de grandes choses, strictement inconnus, tâcherons assidus, c'est tout simplement un métier. Et ce sont bien souvent ces derniers qui sont à l'origine des grandes échappées scientifiques qui font la gloire des premiers.

En bref, le découvreur serait cultivé, imaginatif, indépendant, il saurait prendre des risques, explorer l'inattendu, saisir sa chance[1].

Tu feras comme papa !

1. Voir l'Épilogue.

# III.

## Les déterminants de la découverte

> « Je dois ma célébrité au fait que je pense une ou deux fois par semaine », George Bernard Shaw.

Si j'arrive à comprendre l'organisation des circuits nerveux qui concourent à la créativité, et donc à la découverte, cette compréhension me permettra-t-elle de faire plus efficacement mon métier de chercheur, à la manière de ces pilotes de course de formule 1 qui aident les ingénieurs à améliorer la performance du moteur et l'aérodynamique de leur bolide ? S'intéresser au fonctionnement de son propre cerveau peut aussi être un moyen de mieux enseigner les principes qui sous-tendent la recherche, pour ceux qui envisageraient de s'engager dans cette voie. D'où l'idée de trouver un corrélat physiologique au sein du cerveau pour les facultés mentales considérées comme essentielles dans la recherche, depuis l'élan vital jusqu'à la flexibilité mentale, en passant par le raisonnement, les mémoires, l'imagination, l'anticipation, la sensibilité.

## De l'élan vital à la curiosité

> « Un intellectuel [un scientifique ?], c'est quelqu'un qui a trouvé quelque chose de plus intéressant que le sexe », Aldous Huxley.

Si on est fatigué, ensommeillé, apathique, déprimé ou inattentif, la performance intellectuelle risque d'être décevante… Il en est de l'effort intellectuel ce qu'il en est de l'effort physique : la fatigue intellectuelle limite la performance intellectuelle comme la fatigue physique limite la performance physique. À l'inverse, la concentration intellectuelle est meilleure si on est alerte, éveillé, motivé, de bonne humeur, attentif. En un mot, une certaine fraîcheur d'esprit et un ensemble de facultés mentales, reconnues chez tous les animaux, nous poussent à agir et assurent notre survie : c'est l'élan vital.

Or il se trouve que ces aptitudes sont mises en jeu dans le cerveau par un petit nombre de neurones qui naissent dans le tronc cérébral et qui se projettent sur l'ensemble du cerveau. Ces neurones s'activent, ensemble ou séparément, chacun avec sa spécificité, pour faciliter l'éveil, l'attention, l'humeur, la motivation. En cas de défaillance de l'une de ces fonctions, nous disposons de médicaments qui peuvent réactiver chacune de ces classes de neurones, permettant donc d'éveiller, de motiver, de rétablir l'humeur, de rendre plus attentif (antidépresseurs, amphétamines, etc.). Cela étant, je connais des scientifiques qui sont plutôt tristounets, distraits, paresseux, qui s'endorment pendant les conférences, ce qui ne les empêche pas de se poser les bonnes questions.

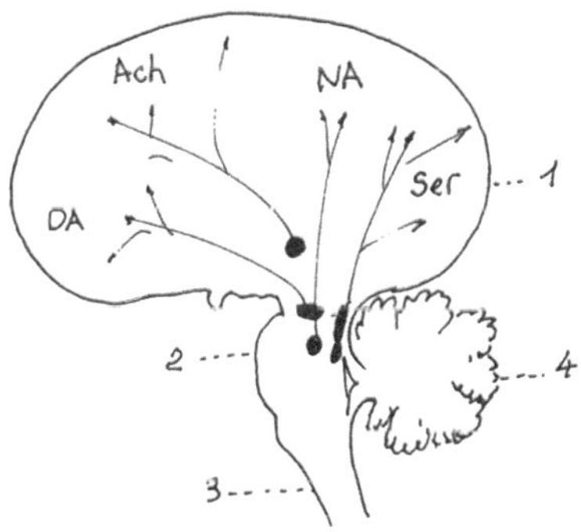


**Les neurones modulateurs de l'élan vital**

(1) cerveau ; (2) tronc cérébral ; (3) moelle épinière ; (4) cervelet. (DA) dopamine ; (Ach) acétylcholine ; (NA) noradrénaline ; (Ser) sérotonine.
Les différentes aires cérébrales qui contribuent à l'activation des fonctions d'éveil, d'attention, d'humeur et de motivation sont mises en jeu par des neurones « modulateurs » (quelques millions de neurones sur les cent milliards que compte le cerveau), qui sécrètent des neuromédiateurs bien connus (dopamine, noradrénaline, sérotonine, acétylcholine), prenant leur origine dans le tronc cérébral.

Quel genre de questions ? Celles que posent les enfants : « Comment ça marche ? », « À quoi ça sert ? », « Pourquoi c'est comme ça ? » Chercher à savoir ce qu'on ignore, telle est la définition de la curiosité, du désir de savoir. Et pourtant, il y a tellement de curieux et si peu de grands scientifiques.

## La rationalité

> « L'être humain est la seule créature capable de se comporter de façon irrationnelle au nom de la raison », Ashley Montagu.

### *Les fonctions support de la raison*

L'esprit rationnel, monté en puissance surtout à partir du XVIe siècle, s'épanouit de manière exponentielle à partir de la Deuxième Guerre mondiale, parallèlement au développement de la science. Il est en effet difficile de concevoir la science sans raison, sans logique. Cette logique s'exprime classiquement par le raisonnement hypothético-déductif. Le scientifique déduit en allant du particulier au général, à partir de faits expérimentaux et à l'aide de règles établies. L'exemple canonique est celui du syllogisme. La raison est un moyen, puissant certes, mais qui n'a de sens que s'il est adossé à un questionnement justifié, suivi d'une réponse conforme. Si le raisonnement est juste sur des basses fausses, on tombe dans le piège du paralogisme. Si le raisonnement est biaisé, le risque est le sophisme, qui a pour but d'induire en erreur. Si le raisonnement ne débouche sur rien, on a perdu son temps. Ce sont là autant de biais délétères pour le scientifique, le risque étant de passer insidieusement de la rigueur à l'irrationnel. Et pourtant, l'irrationnel n'est-il pas un moyen de penser autrement ?

Dans la réalité, le chercheur dispose d'un vaste échantillon de moyens intellectuels pour raisonner : de façon linéaire (A donne B, qui donne C, qui donne...) ; par analogie (A + B c'est comme C + D) – en mettant en évidence « des parentés insoupçonnées entre des faits connus depuis longtemps mais qu'on croyait à tort étrangers les uns aux autres[1] ». Finalement, il faudra bien faire une synthèse du tout pour conclure. Compte tenu de la disposition et des principes d'interaction des différents types de neurones dans le système nerveux, ces raisonnements de nature différente emprunteraient-ils des chemins particuliers ?

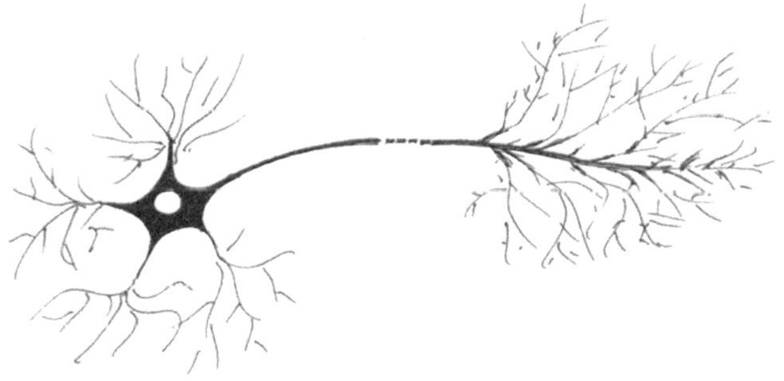

**Le neurone**

Le corps cellulaire (en noir), avec son noyau (en blanc), reçoit des milliers d'informations issues d'autres neurones par l'intermédiaire de ses nombreuses dendrites. L'un de ces prolongements, l'axone (de quelques microns à plus d'un mètre), se termine par des dizaines de milliers de branchements permettant la transmission de l'information à d'autres neurones.

---

1. H. Poincaré, *Science et Méthode*, *op. cit.*

Dans le cerveau, les neurones adoptent une série de dispositions anatomiques qui sont toujours les mêmes : les neurones en série, chaque neurone transférant son message au suivant ; les neurones en parallèle, constituant deux circuits qui peuvent toutefois interférer l'un avec l'autre par des collatérales (ramifications permettant aux neurones de communiquer entre eux) ; les neurones convergents, plusieurs neurones se projetant sur un même neurone ; les divergents, un neurone se projetant sur plusieurs neurones ; les neurones en boucle, l'information revenant sur le même neurone.

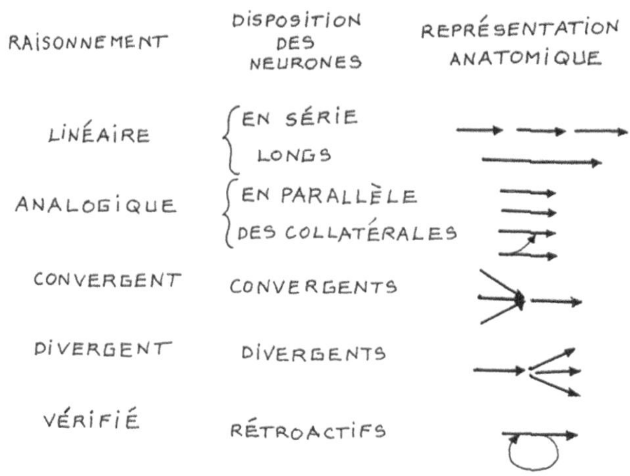


Dans cet embrouillamini de routes principales et secondaires, encombré de chemins de traverse, comment la masse d'informations apportées dans le cerveau aboutit-elle à une action cohérente et adaptée ? Les neurones ne sont pas isolés : ils forment un réseau, soit l'association d'une énorme quantité de neurones interconnectés. Cette gigantesque complexité est accentuée par l'hétérogénéité architecturale (les gros, les petits ; les courts, les longs) et fonctionnelle (déterminée génétiquement et par l'apprentissage).

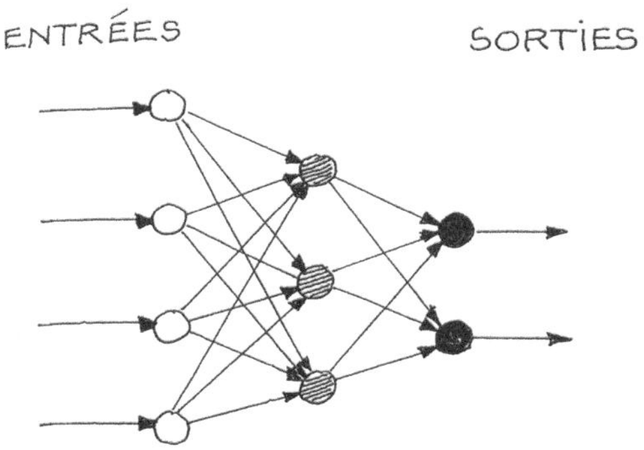


Voici un exemple de réseau de neurones qui a inspiré la recherche informatique et la théorie des réseaux. Les neurones sont interconnectés entre eux et répartis en plusieurs couches (ici trois pour simplifier), dont une couche d'entrée et une couche de sortie. Chaque neurone a une fonction propre avec un poids spécifique particulier, de sorte que l'information de sortie est la somme pondérée des activités des différents neurones. La situation biologique réelle est plus complexe, du fait de la sophistication habituelle des interactions neuronales (laquelle augmente la puissance et la flexibilité du réseau) et de l'existence de boucles de rétroaction permettant de ramener aux entrées les activités neuronales de sortie (assurant ainsi une autorégulation).

Au sein de cet immense assemblage tridimensionnel de neurones (des centaines de millions de connexions nerveuses dans 1 $mm^3$ de tissu nerveux), la spécificité, et donc la signification d'un message, est apportée par une machinerie qui assure une pondération des informations. Autrement dit, c'est le « poids » spécifique relatif de chaque neurone à l'entrée d'un circuit neuronal qui permet de fournir une information de sortie relativement sélective. Il s'agit là d'interprétations physiologiques apparemment grossières, mais qui ont pris du sens, au point que la cartographie dynamique des réseaux de neurones du cerveau a inspiré des modèles de réseaux informatiques (différentes entrées, plusieurs couches de neurones, nombreuses sorties) de complexité croissante (en boucle), dont on sait le succès pour la reconnaissance sensorielle (des visages par exemple), ou l'apprentissage (des ordinateurs incroyables ont ainsi été conçus, qui ont battu les meilleurs joueurs d'échecs ou de go).

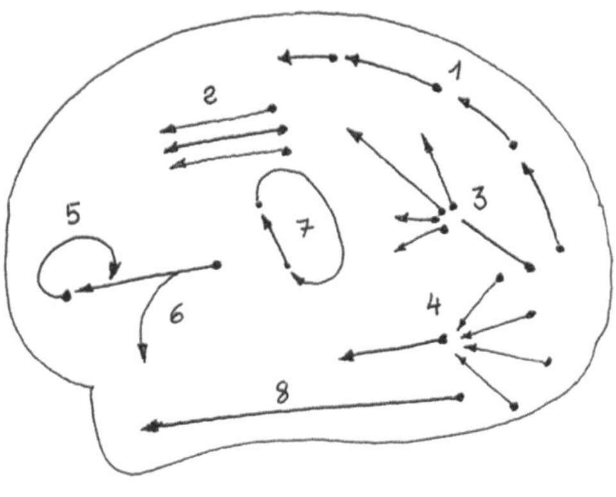


**Les différents types de connexion neuronale dans le cerveau**

(1) en série ; (2) en parallèle ; (3) neurones divergents ; (4) neurones convergents ; (5) rétroaction ; (6) collatérales ; (7) en boucle ; (8) neurones longs.

Les circuits de neurones linéaires (propres au cerveau du performant conforme) ou en boucle (c'est ce qui caractérise le raisonnement circulaire) manquent d'efficience. En revanche, les autres types de circuits sont utilisés pour les raisonnements hypothético-déductif ou analogique. Le raisonnent analogique est une arme puissante, même si on en connaît les dangers.

Pour comprendre les vertus de ce raisonnement, voici l'exemple de la découverte d'un traitement de la maladie de Parkinson.

### Raisonnement analogique : le traitement de la maladie de Parkinson par la L-Dopa

La L-3,4 dihydroxyphénylalanine (L-DOPA) a été isolée en 1913 par Markus Guggenheim (1884-1967), qui en absorba 2,5 g et vomit. Le médicament resta dans un placard pendant quarante-quatre ans. En 1960, en Grande-Bretagne, le biochimiste Hermann Blashko (1900-1993) montre qu'il existe dans le cerveau du rat des neurotransmetteurs, dont la dopamine, que l'on peut mesurer. Profitant de cette découverte, un neurobiologiste de Göteborg, Arvid Carlsson (1923-2018), qui étudie alors un médicament bien connu, la réserpine, montre que la drogue rend le rongeur immobile et raide (voir sur le schéma le rat hachuré). Il mesure les concentrations de dopamine dans le cerveau de l'animal traité par réserpine : ils sont effondrés. L'idée lui vient donc de rétablir les concentrations de dopamine pour tenter de réduire la lenteur et la raideur du rat. C'est un échec… Mais Carlson, qui est un pharmacologue expérimenté, se dit que si la dopamine ne pénètre pas dans le cerveau, c'est à cause de sa conformation. Au lieu d'administrer la dopamine, il essaye le précurseur du neurotransmetteur, la L-DOPA, dont il pense qu'elle a la configuration chimique permettant de pénétrer dans le cerveau : les concentrations de dopamine se rétablissent dans le cerveau du rat, et les symptômes disparaissent (voir le rat blanc sur le schéma) !

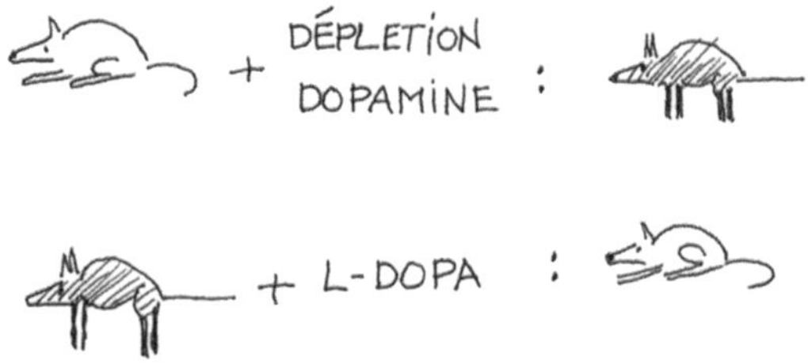


Le rat témoin (blanc), dont le cerveau a été débarrassé de dopamine, devient immobile et raide (hachuré). L'administration de L-DOPA, précurseur de la dopamine, supprime les symptômes en rétablissant les concentrations normales de dopamine dans le cerveau.

Mis au courant de cette expérience simple, deux neurologues – l'un à Vienne, Oleh Hornykiewicz, en 1961, l'autre à Montréal, André Barbeau, en 1962 – font, chacun de leur côté, une transposition analogique entre le tableau clinique du rat et les signes cliniques de la maladie de Parkinson (lenteur et rigidité). Le premier parvient à mesurer les concentrations de dopamine dans le cerveau de malades parkinsoniens *post mortem* : les taux sont effondrés. Les deux savants administrent de petites doses de L-DOPA à quelques malades : c'est le miracle, un éveil comportemental *(awakening)*.

Cette expérience ingénieuse, qui fait intervenir une substance d'intérêt apparemment limité, effectuée dans un domaine éloigné de la pathologie humaine, a eu un effet majeur en transformant l'existence de millions de patients atteints de maladie de Parkinson. Il s'agit d'une découverte par analogie.

---

## *L'association d'idées : synthèse, synergie, hybridation*

Les modèles que l'on vient d'évoquer – linéarité, convergence, divergence, collatérale… – servent de substrat pour les raisonnements scientifiques en général. Mais ce type de raisonnement n'est pas suffisant pour le scientifique qui veut *découvrir, innover, inventer.* Il reste à sélectionner, intégrer, hiérarchiser cette masse d'informations de façon à proposer une solution nouvelle, originale, adaptée au contexte. Pour cela, *Homo sapiens* dispose dans son cerveau de réseaux de neurones apparemment disparates, mais à partir desquels il peut successivement : *renforcer* le message (A devient **A**) ; faire une *synthèse* (A + B = AB) ; chercher une valeur ajoutée, impliquant une *synergie* (A + B = A + B + c) ; créer une valeur nouvelle, ce qui est possible par *hybridation* (A + B = D).

**Le renforcement**

C'est la qualité du scientifique courageux qui travaille plus pour arriver à ses fins. Dans son cerveau, la puissance de la pensée s'accroît en augmentant l'activité d'un ensemble neuronal. C'est, par exemple, une manière de compenser une activité neuronale défaillante en cas de lésion du système nerveux.

Le renforcement (à gauche), l'invention (à droite).

### L'hyperactivité de compensation

Dans toute maladie neurodégénérative, les symptômes apparaissent plusieurs années après le début de la perte neuronale (c'est le cas de la maladie de Parkinson, caractérisée par une destruction d'un petit contingent de neurones sécrétant de la dopamine). Pourquoi ? Pour répondre à cette question, des neurones dopaminergiques furent partiellement détruits chez un rongeur. Par rapport à des animaux témoins, dont le système dopaminergique était intact, chez les animaux lésés, l'activité des neurones dopaminergiques partiellement endommagés par la lésion restait identique à celle des animaux témoins. L'explication est la suivante : l'augmentation de l'activité des neurones restants, épargnés par la lésion, compense la destruction partielle des neurones lésés[1]…

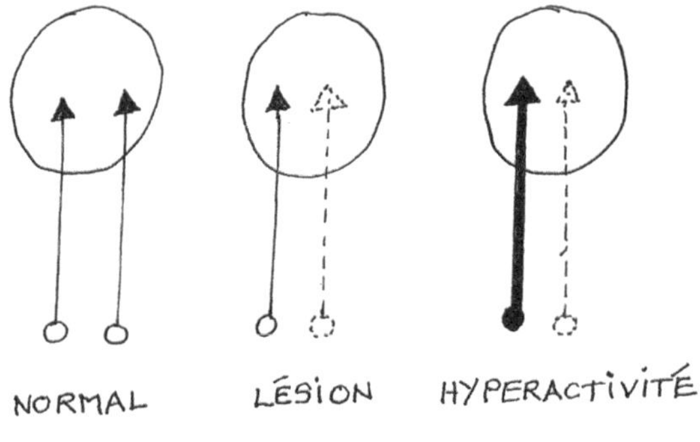


Chaque flèche représente un neurone dopaminergique type (neurone détruit en hachuré ; neurone hyperactif en gras).

1. Yves Agid *et al.*, « Hyperactivity of remaining dopaminergic neurones after partial destruction of the nigro-striatal dopaminergic system in the rat », *Nature New Biology*, vol. 245, 1973, p. 150-151.

Dans cette expérience, 50 % des neurones ont été détruits (lésion). Les 50 % de neurones restants deviennent alors plus actifs au point de compenser les effets de la lésion – on parle d'hyperactivité.

Si ces résultats peuvent être transposés à l'ensemble des maladies du système nerveux, ils suggèrent que, jusqu'à un certain point, la mort des cellules nerveuses peut être compensée par le renforcement de l'activité des neurones épargnés par la lésion. Cette forme de neuroplasticité rend compte des possibilités de compensation, qu'il s'agisse de maladies neurodégénératives ou d'accidents vasculaires cérébraux.

---

## La synthèse

C'est un scientifique, encore plus performant, qui est capable de faire la synthèse de plusieurs observations en rapprochant des *éléments de connaissance* épars pour augmenter le rendement intellectuel. Louis Pasteur, par exemple, est célèbre pour sa capacité de synthèse.

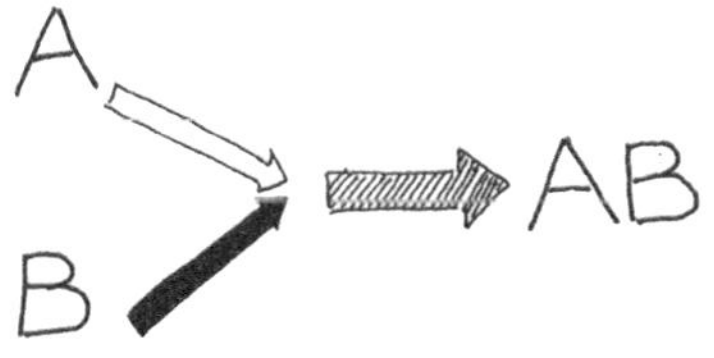


Les afférences neuronales A, porteuses d'une information A, et les afférences B, porteuses d'une information B, se projettent sur un ensemble neuronal qui transmet une information qui devient nouvelle (AB), ce qui n'est pas possible par l'activation d'une seule de ces deux afférences neuronales.

### Le génie de Pasteur

Chimiste de formation, Pasteur a fait un nombre impressionnant de découvertes: la dissymétrie moléculaire en chimie organique, l'explication de la fermentation et de la putréfaction, la réfutation de la «génération spontanée» des micro-organismes, le rôle des microbes dans la genèse de nombreuses affections (avec ses conséquences en termes d'asepsie). En somme, il est réellement le père de la microbiologie, mais sa popularité vient de son rôle dans la vaccination (c'est-à-dire la construction par chaque organisme de ses propres défenses contre des agents infectieux, grâce à la production d'anticorps par administration préalable de l'agent infectieux dénué de toxicité, mais qui a conservé ses propriétés immunisantes), en particulier contre la rage. L'injection du vaccin à un jeune berger, Joseph Meister, qui avait été mordu par un chien enragé, eut le succès que l'on connaît. De Pasteur on retient souvent cette image d'Épinal, alors même qu'il y avait des doutes sur l'effet du vaccin (l'animal n'était pas certainement enragé, la maladie n'était pas avérée). Toutefois, pour ceux qui ont analysé de près les différentes découvertes de Pasteur, sa puissance intellectuelle reposait moins sur l'originalité de sa pensée que sur son extraordinaire capacité de synthèse, tant il était réputé pour débrouiller des situations confuses et en tirer des conclusions claires (même s'il disait par ailleurs «je plains ceux qui ont l'esprit clair»).

---

## La synergie

Le chercheur ne se contente pas de ses capacités de synthèse : il sait introduire une « valeur ajoutée » aux expériences qu'il entreprend. Les résultats qu'il obtient sont supérieurs à ceux qu'on devait attendre en additionnant les valeurs initiales. Ainsi sont réalisées des expériences astucieuses qui apportent des résultats bonifiés : c'est là que réside le fondement élémentaire de tout progrès...

Les afférences neuronales A et B transmettent une information qui est supérieure à la somme de A et B.

**L'hybridation**

La créativité, c'est l'« art d'hybrider deux univers qui coexistaient jusque-là séparément », me disait quelqu'un. C'est la forme la plus spectaculaire de la découverte, telle que la réflexion aboutit à une nouvelle façon de penser, un changement de paradigme.

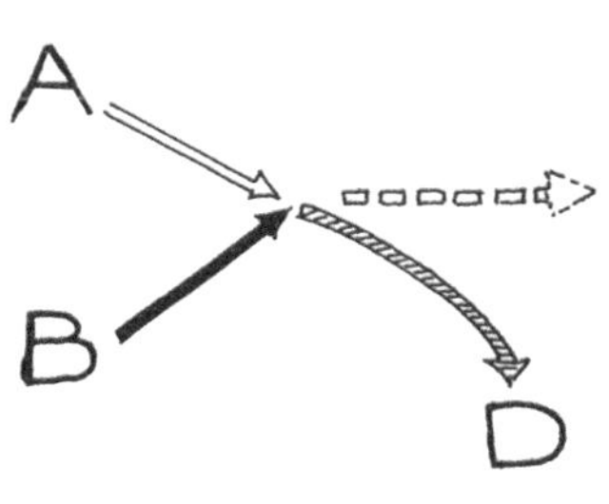


Les messages A et B convergent sur un circuit neuronal (en pointillé) qui n'est plus utilisé au profit d'un autre circuit neuronal (D), si bien que la synthèse des informations A et B se traduit désormais par une information nouvelle (D).

Elle naît le plus souvent du « performant non conforme » qui invente une nouvelle façon d'aborder la recherche et qui remet en cause les idées reçues, les dogmes ambiants. On pense à la carte inattendue qui fait basculer la partie de bridge, le revers croisé contre toute attente au tennis, la stratégie inexplicable du combattant qui fait gagner la bataille…

## Le cas Turing

Alan Turing (1912-1954) illustre de manière frappante cette forme de découverte. Il faisait preuve d'une fulgurance intellectuelle, presque indécente au regard de la routine scientifique quotidienne. Dans l'espace d'une courte vie, cet homme, qui s'est suicidé après avoir choisi – infamie – la castration chimique en raison de son homosexualité, a jeté les bases de plusieurs champs nouveaux de la science. Connu surtout pour avoir déchiffré le système de codage Enigma utilisé par l'état-major nazi, c'est lui qui a permis à l'Angleterre de prendre le pas sur la Kriegsmarine. Mathématicien exceptionnel, il est le premier à définir les principes de l'informatique. Philosophe, il est le fondateur de l'intelligence artificielle, dont il imagine déjà les immenses champs d'application, tout en en signalant ses limites. Il touche même à la biologie en essayant de répondre à la question de la naissance des formes dans la nature – ce qu'on appelle la morphogenèse. Y a-t-il eu de tels génies après lui ? Ce n'est pas sûr.

Synthèse, synergie, hybridation, toutes ces opérations impliquent pour le cerveau un savoir-faire inouï : celui d'intégrer des centaines de milliards d'informations pour n'en retenir qu'une, celle qui est désirée. La seule structure cérébrale capable de réaliser un tel prodige se situe dans la partie antérieure du cerveau : il s'agit plus précisément du cortex frontal, lui-même scindé en plusieurs aires aux fonctions cognitives propres, même si elles ne sont pas encore parfaitement définies.

*L'irruption de l'informatique*

Par le passé, le chercheur pouvait aisément dominer son sujet ; la littérature scientifique était maigre, avec un petit nombre de journaux dont il fallait photocopier les articles. Aujourd'hui, le scientifique noyé dans le magma des connaissances de sa spécialité subit le bombardement continu d'informations de valeur inégale. Comment isoler l'information pertinente ? Par le biais de l'intelligence artificielle et de l'informatiquc. L'ordinatcur, grâcc à sa mćmoirc ct à sa rapiditć colossales, fait tout à notre place. Il peut classer, former de nouvelles combinaisons, proposer des probabilités ; bref, il peut trouver toutes les solutions de manière rétrospective parmi les milliards d'informations qu'il a emmagasinées. Encore faut-il qu'il choisisse la bonne. Comment reconnaître le résultat digne d'intérêt à partir de la gigantesque quantité de data qui s'accroît de façon quasi exponentielle ? L'ordinateur est une simple prothèse à l'intelligence humaine…

Mais l'ordinateur peut-il créer ? Comme les performances informatiques s'accroissent, il est à prévoir que les découvertes seront plus nombreuses. Verra-t-on bientôt un *Homo sapiens* augmenté, comme les transhumanistes le prédisent ? Ce sera peut-être le cas pour les organes du corps dont la physiologie est relativement simple, mais probablement pas pour le cerveau, que l'on commence seulement à comprendre et que l'on n'est pas près de reproduire ou d'améliorer (sauf peut-être dans un avenir lointain). L'« homme-machine » n'est pas pour demain, car ce qui fait l'homme, c'est son cerveau. Or le cerveau humain, cette masse gélatineuse de moins d'un kilo et demi, vivante, malléable, adaptable, capable d'émotions, de conscience et de créativité, est d'une complexité qui dépasse l'imagination.

Il y a pourtant quelque analogie entre le cerveau et l'outil numérique qu'est Internet. Comme le cerveau, la toile est un immense réseau possédant des centaines de milliards de ramifications liées entre elles. Comme le cerveau, Internet apprend de manière continue, c'est ce que nous enseigne le mathématicien Étienne Ghys[1] : chaque page a un classement qui augmente en fonction du nombre de pages consultées, si bien que, lorsqu'on cherche une information en tapant des mots-clés, on est amené à choisir un petit nombre de pistes de recherche dans l'immensité des possibles. Dans ces conditions, pourquoi une machine du futur ne pourrait-elle pas créer ?

Pour créer, comme on l'a vu plus haut, il convient de faire du nouveau, de l'original, quelque chose qui soit adapté au contexte et qui ait de la valeur. N'est-ce pas ce qu'a fait le

1. Étienne Ghys, « L'espace mathématique comme un réseau. Variation sur une conférence de Poincaré, un siècle plus tard… », in P. Buser, Cl. Debru et A. Kleinert (dir.), *L'Imagination et l'intuition dans les sciences*, *op. cit.*

programme de Google AlphaZero en 2017 en battant aux échecs le programme Stockfish 8, qui était champion du monde (28 victoires, 72 parties nulles) ? C'est d'autant plus surprenant qu'AlfaZero n'avait appris à jouer aux échecs que quatre heures plus tôt, que ses capacités étaient plus faibles que celles de l'adversaire (il pouvait calculer 80 000 positions par seconde contre 70 millions pour Stockfish) et que la machine n'avait joué jusque-là que contre elle-même (sans aucune donnée concernant les expériences humaines accumulées aux échecs depuis des décennies). Une telle stratégie gagnante répond bien à la définition de la créativité qui, dans ce cas, touche au génie[1].

« Inventer, c'est discerner, c'est choisir », affirma Henri Poincaré, qui disait aussi à propos de l'invention mathématique : « Elle ne consiste pas à faire de nouvelles combinaisons avec des êtres mathématiques déjà connus. Cela, n'importe qui pourra le faire ; mais les combinaisons que l'on pourrait faire ainsi seraient en nombre fini, et le plus grand nombre est absolument dépourvu d'intérêt. Inventer, cela consiste précisément à ne pas construire les combinaisons inutiles et à construire celles qui sont utiles et qui ne sont qu'une infime minorité [...]. Les combinaisons stériles ne se présenteront même pas à l'esprit de l'inventeur. Dans le champ de sa conscience n'apparaîtront jamais que les combinaisons réellement utiles, et quelques autres qu'il rejettera, mais qui participent un peu des caractères de combinaisons utiles[2]. »

1. Yuval Noah Harari, *Homo Deus. Une brève histoire de l'avenir*, Paris, Albin Michel, 2017.
2. H. Poincaré, *Science et Méthode*, *op. cit.*

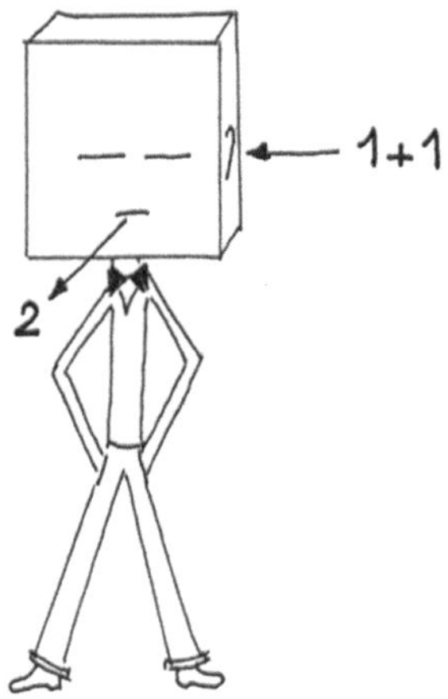


L'homme-machine

Pour beaucoup, l'invention ne relève pas d'un langage rationnel : « Je pense rarement mot… C'est comme une sorte de regard », disait encore Albert Einstein. Cette « sorte de regard » suggère une solution qui s'impose d'un coup, comme lorsque l'on voit quelqu'un que l'on reconnaît instantanément sans pour autant avoir analysé tous ses traits (sans même être capable de décrire cette personne…). La découverte, c'est probablement un peu comme ça.

La raison, dont on a tendance à donner une vision simplifiée, caricaturale, ne suffit pas pour créer. De nombreux scientifiques improvisent, au-delà des règles strictes de la logique rationnelle, en avançant par essais et erreurs. De toute façon, un raisonnement n'est efficace que s'il débouche sur une action, ce qui suppose qu'il en résulte une conviction. Si elle est indispensable, la conviction est également dangereuse quand elle n'est pas fondée sur la raison, surtout lorsqu'elle n'est pas précédée d'une phase de doute. Hélas, combien de convictions fondées sur peu de choses, établies sans raison ? La raison n'est qu'un moyen, noble certes, mais inefficient si elle est seule avec elle-même.

## Les mémoires : le savoir

> « Ambivalence d'une mémoire indispensable, qu'il faut savoir contrôler, voire négliger (comme le font certains peintres naïfs), et peut-être même complètement oublier pour assurer la rupture nécessaire aux grandes découvertes », Roger Martin du Gard.

Chacun d'entre nous dispose dans son cerveau d'un immense répertoire d'informations, comme une gigantesque bibliothèque, qui permet d'adapter notre comportement à l'environnement : la mémoire. Sans mémoire, notre cerveau ne disposerait d'aucune défense acquise pour survivre. Mais il faudrait plutôt parler de « mémoires », car plusieurs catégories existent. Si l'on excepte la mémoire immédiate, il s'agit des mémoires qui ont permis le stockage des souvenirs et des apprentissages. Que serait un cerveau sans ces mémoires ? Une machine inerte. Imaginons un cerveau isolé à la naissance, placé dans une boîte permettant d'assurer sa survie. Ce cerveau n'emmagasine aucune information. Il n'a rien à moudre. Il n'y a donc pas de pensée, et encore moins de créativité.

Quant à notre découvreur, s'il n'a pas tous les éléments nécessaires à disposition dans sa mémoire, comment pourrait-il avoir des idées nouvelles ? Il faut bien qu'il puisse faire appel aux observations passées, aux tournures d'esprit et aux recettes qu'il a apprises, soit autant de connaissances indispensables pour faire l'état des lieux de son domaine scientifique et pour acquérir une culture des autres sciences.

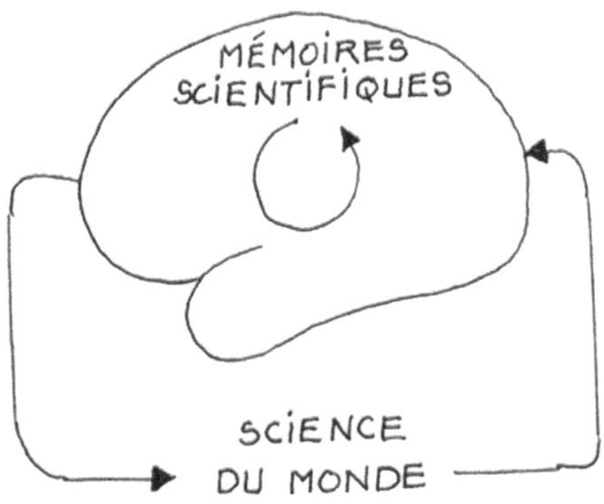


Les mémoires « cérébrale » et « extra-cérébrale »

Quand on pense mémoire, on pense mémoire « consciente » et à la façon dont on part chercher dans son stock mnésique l'information qui complète le puzzle ou qui déclenche l'idée. Cependant, le découvreur utilise aussi une autre mémoire, qui échappe à la conscience. Il s'agit d'un savoir-faire (et aussi d'un savoir-penser et d'un savoir-ressentir) subconscient qui permet au chercheur de libérer son activité intellectuelle des routines et des habitudes, et de se consacrer à l'essentiel : trouver. Dès lors, l'idée ou l'image travaillée dans le subconscient permet la créativité en émergeant à la conscience. Conscientes ou non, ces connaissances mémorisées apparaissent indispensables pour créer.

D'un autre côté, l'excès de connaissances peut constituer un obstacle à la créativité scientifique. Ces savants qui savent trop de choses, ce dont ils sont fiers, ont parfois du mal à sortir des sentiers battus, car leur érudition les conduits à la répétition, à la routine. C'est un peu comme ces artistes qui reproduisent à l'infini des compositions différentes dans un style identique. Le découvreur, comme l'artiste, doit aller contre lui-même, c'est-à-dire qu'il ne doit pas se laisser influencer par ses propres connaissances, car il risque de finir par imiter les autres. « C'est lorsque la mémoire s'attache à rendre son objet méconnaissable qu'elle est intéressante », disait Pierre Boulez à propos de la composition musicale[1]. Mais comment ne pas être influencé par ses maîtres ? C'est même une chance de pouvoir imiter son mentor (imiter n'est pas copier...) et profiter du savoir-penser des grandes figures scientifiques du passé.

1. Pierre Boulez *et al.*, *Les Neurones enchantés. Le cerveau et la musique*, Paris, Odile Jacob, 2014.

## L'imagination

> « Rien ne vaut la peine d'être vécu qui n'est d'abord une œuvre d'imagination, ou alors la mer ne serait plus que de l'eau salée », Romain Gary, *Les Cerfs-volants*, 1980.

Qui dit imagination dit art. Que l'artiste produise une représentation déformée de la réalité ou qu'il invente une fiction abstraite, dans les deux cas, il imagine. Mais il n'y a pas que les artistes qui créent des réalités nouvelles, tous les humains imaginent des fictions non matérielles. Alors même qu'ils ne se connaissent pas, c'est ce qui leur permet de suivre les mêmes lois, d'inventer des systèmes politiques et des croyances religieuses qui sont à l'origine des sociétés modernes. Ce ne sont pas des mensonges, ce sont des croyances. Comment est-ce possible ?

### *L'imagination, indispensable*

L'imagination est la voie qui permet de passer d'une situation connue et triviale à une situation inconnue et excitante. Littéralement, c'est une image mentale, une représentation imagée dans le cerveau, qui peut figurer quelque chose d'absent. Au fond, l'imagination est une forme de simulation de la réalité. En effet, à l'aide de nos cinq sens, notre cerveau recrée en continu l'image d'un objet tel qu'il est vraiment, même si, comme l'explique André Comte-Sponville, « en l'imaginant, c'est notre seule façon de la voir[1] ». Cette image mentale est donc la répétition d'une sensation, mais en l'absence de stimulus, qui s'accompagne toutefois des mêmes émotions, des mêmes jugements : elle est le « rappel de sensations déjà éprouvées, maintenues en mémoire, éventuellement recombinées, réarrangées pour créer des images nouvelles sans rapport avec un réel déjà éprouvé comme tel[2] ».

Quand je vois une bouteille, j'en crée une représentation dans mon cerveau. Quand j'imagine cette bouteille, je peux me la représenter sans la voir.

Si imaginer la réalité, c'est ce que l'on fait tous les jours, on voit tout de suite le danger, car, en nous libérant du réel, l'imagination risque de nous en détacher entièrement. On s'illusionne, on croit savoir, on croit que l'idée est bonne.

1. A. Comte-Sponville, *Dictionnaire philosophique*, *op. cit.*
2. Marc Jeannerod, *La Nature de l'esprit*, Paris, Odile Jacob, 2002.

L'imagination est « maîtresse d'erreur et de fausseté, d'autant plus fourbe qu'elle ne l'est pas toujours », mettait en garde Pascal. C'est pourquoi les Classiques se méfiaient de l'imagination, contrairement aux Romantiques pour qui elle était la faculté créatrice par excellence. Au-delà d'un certain degré, on entre avec l'imagination dans le domaine pathologique, de l'illusion (qui consiste à voir des objets ou entendre des sons différemment de ce qu'ils sont) jusqu'à l'hallucination (qui amène à voir des objets ou entendre des voix qui n'existent pas).

En permettant cette re-représentation de la réalité, le futur découvreur peut modifier, manipuler, transformer ce qu'il perçoit, ce qu'il pense. Il peut penser mieux ou différemment, sans être contraint par les données du réel. Il peut simuler petit (imaginer qu'il va planter un clou ici plutôt que là), il peut aussi simuler grand, comme Albert Einstein qui s'imaginait sur un rayon lumineux pour concevoir la théorie de la relativité générale. Pour sortir des sentiers battus, certains sont allés jusqu'à la transgression. Les mathématiciens, par exemple, ont imaginé des situations absurdes, incompatibles avec notre perception mécanistique du monde, comme les nombres imaginaires, les espaces à n dimensions, les droites parallèles qui se croisent à l'infini, les triangles où la somme des angles n'est plus égale à deux angles droits, etc. Ces supputations théoriques apparemment insensées eurent des conséquences concrètes incroyables : elles permirent d'aller sur la lune et de concevoir l'univers.

En ce sens, le scientifique a quelque chose de l'artiste. Tous deux imaginent tant et plus. Ils diffèrent en ceci que le premier découvre ce qui est reconnu par l'ensemble de la communauté scientifique, tandis que le second invente avec sa stricte singularité.

*Que se passe-t-il dans le cerveau quand on imagine?*

Les premières étapes de la reconnaissance d'un objet sont assez bien connues. La qualification de cette représentation mentale, par exemple celle d'une bouteille, est plus hypothétique. L'objet nouvellement présenté est qualifié précisément au contact des innombrables qualificatifs de bouteilles déjà appris et stockés dans le cerveau.

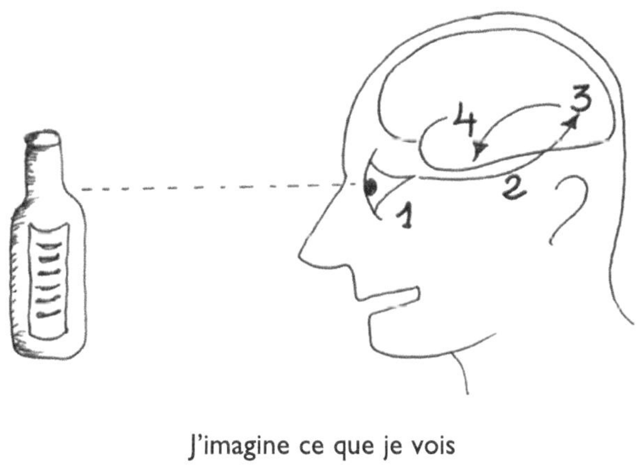


J'imagine ce que je vois

L'image de la bouteille arrive sur la rétine sous forme d'impulsions lumineuses (1), lesquelles sont transformées en impulsions électriques qui gagnent, après quelques relais, la partie postérieure du cerveau, soit le cortex occipital (2). Dans le cortex occipital, divers neurones spécialisés permettent de reconnaître la forme, la couleur, la topographie de la bouteille (3). Ces nouvelles impulsions électriques codées gagnent le reste du cerveau, en particulier la région temporale (4), où elles sont hybridées avec des mémoires de bouteilles qui ont pris du sens avec l'apprentissage.

Comme cela a été montré à plusieurs reprises à l'aide de l'imagerie cérébrale (IRM fonctionnelle), lorsqu'on imagine, on crée des images dans le cerveau, ce qui n'est rien d'autre que la réactivation des circuits qui étaient utilisés pour la perception ordinaire. L'activation des aires cérébrales lors d'une perception imaginée est la même que lors d'une perception dans la réalité : les circuits sont les mêmes, bien que l'activation soit moindre[1]. Il y a toutefois une différence majeure : les chemins empruntés par les informations sont les mêmes, mais en sens inverse, comme le montre le schéma de la vision d'une bouteille.

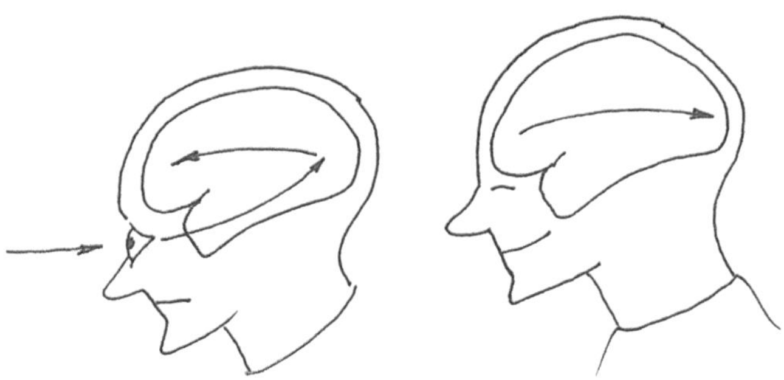

**L'imagination de la bouteille dans le cerveau**

Lorsqu'un individu voit un objet, l'image perçue par sa rétine gagne le cortex visuel occipital (à gauche). La forme, la topographie, la couleur de l'objet sont reconnues, mais la prise de conscience de l'objet s'effectue en avant, dans le cortex frontal.
Lorsque le même individu imagine l'objet (à droite), donc en l'absence de stimulus visuel, l'information imaginée effectue le trajet inverse, du cortex frontal vers l'aire visuelle primaire[2].

1. *Ibid.*
2. *Ibid.*

Quand on imagine, on le fait en pleine conscience – je m'imagine en vacances à la Martinique ou à Capri. Mais on peut aussi imaginer sans être conscient: c'est le cas par exemple quand je rêve. N'est-ce pas au cours ou au décours d'un rêve que viennent les meilleures idées? L'analogie avec le rêve a ses limites: imaginer ce serait comme un rêve qui ne serait plus chaotique, comme ils le sont habituellement, mais un rêve devenu cohérent.

Ainsi, pour faire une découverte, faut-il imaginer, mais imaginer ne permet pas à soi seul de faire une découverte. Imagination et mémoire sont nécessaires pour se doter d'une autre qualité essentielle, l'anticipation.

## L'ANTICIPATION : LA MÉMOIRE DU FUTUR

S'il est une qualité qui tient à la fois de la capacité de mémoire et d'imagination, c'est bien l'anticipation.

Anticiper, c'est être en avance sur le présent, sur le réel. L'anticipation sert à se projeter dans l'avenir, donc à imaginer une nouvelle hypothèse, une nouvelle théorie, un nouveau concept. C'est elle qui permet de mieux décider la dynamique de recherche du présent, c'est-à-dire d'échelonner différents types d'expériences dans le temps afin de répondre à la question posée. Elle est donc le véritable fondement de la recherche scientifique, qui consiste à prévoir, d'après ce qu'on sait aujourd'hui, ce que sera la découverte de demain.

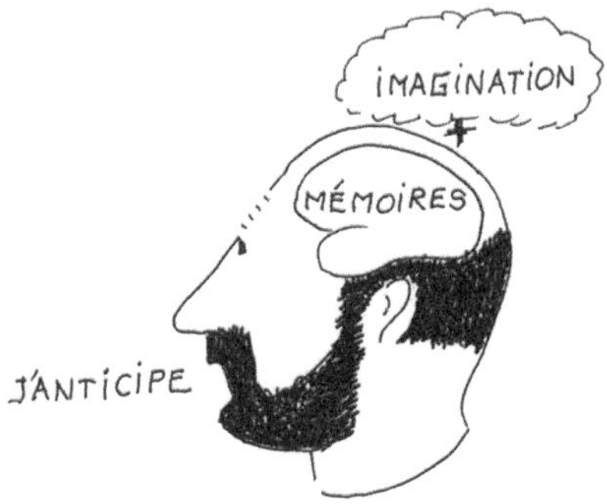


Mais « comment savoir ce qui n'est pas[1] ? », demande le philosophe André Comte-Sponville. L'anticipation est l'interprétation d'un corpus de connaissances déjà parfaitement mémorisé pour imaginer la connaissance à venir. C'est une sorte de mémoire du futur. Pour anticiper, il faut donc à la fois imaginer et se remémorer. Que deviendrait un scientifique qui n'anticipe pas ? Un bon petit scientifique…

## La sensibilité

En général, l'intelligence « rationnelle » est considérée comme l'ennemie de l'intelligence « émotionnelle ». Mais c'est une erreur, car la dimension émotionnelle participe pleinement de la genèse de la découverte. Je ne connais pas de grands scientifiques insensibles. Ils sont sensibles, parfois jusqu'à la sensiblerie, même si certains font semblant de ne pas l'être. Cette sensibilité est une forme d'émotion structurante qui implique de ressentir ce qui est subtil et caché.

---

1. A. Comte-Sponville, *Dictionnaire philosophique*, *op. cit.*

Ceux qui se sont exprimés sur le sujet disent qu'il n'y a pas de découverte sans sensibilité, au point que « les mots et le langage, écrits ou parlés, ne semblent pas jouer le moindre rôle dans [le] mécanisme de [la] pensée[1] », disait Albert Einstein.

Le scientifique est sensible à la beauté, depuis les menus plaisirs des expériences réussies jusqu'à la liesse qui accompagne les grandes découvertes. Il se réjouit des démonstrations les plus courtes, des observations les plus astucieuses, d'un raisonnement inattaquable, d'une pensée élégante. « Le sentiment de la beauté mathématique, de l'harmonie des nombres, des formes, de l'élégance géométrique. C'est un véritable sentiment esthétique[2] », écrivit Henri Poincaré. Plus encore, le scientifique est émerveillé par les solutions les plus universelles en termes sociétal (la pasteurisation, par exemple),

Henri Poincaré

1. Propos rapportés par Jacques Hadamard, *Essai sur la psychologie de l'invention dans le domaine mathématique*, traduit de l'anglais par J. Hadamard, Paris, Librairie scientifique Albert Blanchard, 1959.

2. H. Poincaré, *Science et méthode*, *op. cit.*

médical (comme la découverte du traitement d'une maladie) ou surtout conceptuel (les découvertes majeures induites par la théorie de la relativité générale). Il éprouve profondément la joie – la joie de chercher, la joie de trouver. Faire de la recherche, c'est aussi chercher à trouver cette joie.

Un chercheur qui serait insensible n'arriverait probablement à rien. C'est donc la conjonction de son intelligence et de sa sensibilité qui permet la découverte. Une intelligence purement intellectuelle est nécessairement sèche, comme celle d'une machine à calculer ou d'un robot. C'est que cette intelligence-là n'intervient jamais seule, mais a toujours besoin d'être provoquée (par exemple si on vous met au défi) ou associée à une émotion (la joie de chercher, de trouver). Le chercheur passe en effet son temps à faire des choix. Or ces décisions ne sont que l'hybridation d'un raisonnement intellectuel et d'un ressenti émotionnel. Toutes nos décisions sont prises à partir d'informations intellectuelles et émotionnelles qui sont intégrées au sein du cortex frontal, qu'il s'agisse de porter un jugement ou de réfléchir à la pertinence d'un résultat. Autrement dit, il n'y a pas de séparation entre intelligence et émotion. Le scientifique ne pense pas sans émotion.

### Faire une découverte, est-ce comme éprouver l'amour pour la première fois ?

J'ai toujours été frappé par le fait que, quand une idée scientifique vient à l'esprit, elle apparaît d'un coup, complète, évidente (ce qui ne veut pas dire qu'elle est nécessairement géniale), de même que, lorsque l'on rencontre une connaissance, on la reconnaît sans hésitation, alors qu'on est incapable de décrire précisément cette personne par des mots. Il en va de même quand on tombe amoureux.

Tout le monde a un jour découvert l'amour. En amour, on rencontre quelqu'un et, de manière très particulière, on éprouve une attirance immédiate pour cette personne, sans savoir pourquoi (en fait, comme un animal qui trouve son ou sa partenaire). Cette séduction physique, intellectuelle ou affective peut être exaltante (la passion) ou structurante (les sentiments), mais elle est labile. Le « vrai amour » est plus profond, avec ses valeurs, son utilité, sa pérennité, qui suppose bien des efforts pour se consolider. N'y a-t-il pas une certaine analogie entre le fait de tomber amoureux et celui de faire une découverte originale, utile, qui a de la valeur ? En tout cas, ceux qui ont réfléchi à la découverte le disent, il n'y a pas de découverte sans amour pour la recherche.

## La flexibilité, indispensable ou bloquante ?

> « Pour s'améliorer, il faut changer, donc pour être parfait il faut changer souvent », Winston Churchill.

La flexibilité mentale est une condition nécessaire pour « penser autrement ». Encore faut-il s'entendre sur ce dont il s'agit ; la flexibilité n'est pas seulement une faculté d'adaptation à l'existant, elle est aussi une façon de proposer une idée contraire au dogme ou de mettre nos propres convictions en doute. Flexibilité implique donc ouverture sur le monde et sur soi.

Être ouvert sur le monde suppose d'amasser le maximum d'informations et d'être en osmose avec les perceptions qui vont sculpter la personnalité du futur chercheur. Le formidable développement du cerveau (qui passe de 300 g chez le nouveau-né à 1 300 g chez l'adulte) constitue pour le scientifique en herbe un humus fabuleux : il lui permet d'acquérir une culture générale et de concevoir des idées nouvelles. C'est ce qui fait que les Aristote, Descartes et autres Leibniz étaient à la fois des scientifiques et des philosophes. Tel n'est plus le cas aujourd'hui, où, à quelques exceptions près, les scientifiques sont peu formés aux sciences humaines et sociales, voire n'ont même aucune formation dans ces disciplines. J'ai tendance à penser que la situation inverse des philosophes, qui sont souvent mal à l'aise avec les sujets scientifiques, n'est pas moins redoutable, mais je préfère leur laisser le soin de s'exprimer... Il est encore plus difficile d'être ouvert sur soi, sur son propre savoir, par manque d'expérience chez les jeunes et par rigidité chez les plus âgés, tout simplement parce que cela revient à remettre en cause ses propres choix, ses propres convictions, c'est-à-dire soi-même.

S'il est bénéfique de disposer d'une grande agilité intellectuelle, il importe aussi que les connaissances emmagasinées dans notre cerveau soient bien ordonnées, au risque, si ce n'est pas le cas, de conduire à ce qu'on connaît bien, la confusion. C'est ce qui arrive au chercheur inefficace, qui

Être ou ne pas être, ou être les deux...

s'engouffre dans une voie scientifique qu'il abandonne dès que les résultats ne sont pas au rendez-vous. De manière paradoxale, le futur découvreur, flexible, doit aussi être persévérant. La persévérance est la qualité que le profane considère comme la plus caractéristique du scientifique. Garder le même chemin intellectuel ne signifie pas être un monomaniaque insupportable (encore que...).

Comment la flexibilité est-elle rendue possible ? C'est simple, par neuroplasticité. Le cerveau peut faire plus (renforcement), ou mieux (synergie), ou différemment (hybridation), ce qui permet à tout individu de s'adapter grâce aux étonnantes capacités physiologiques des neurones. Le cerveau agit donc en deux temps : rapidement, par la simple augmentation de l'activité des neurones ; à plus long terme, par la modification de l'architecture des neurones (neuroplasticité) qui développent de nouvelles connexions avec les neurones voisins. C'est ainsi qu'on apprend, c'est ainsi qu'on change. Cette réorganisation adaptative des neurones s'exprime à tous les étages du système nerveux et, pour notre scientifique créatif, essentiellement au niveau du cortex frontal.

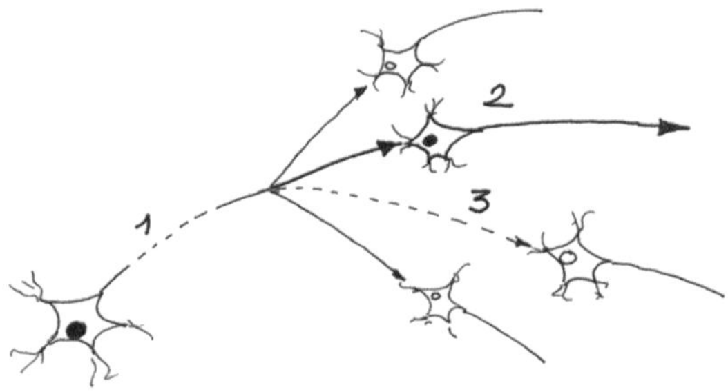


**Neuroplasticité**

Le neurone 1 se projette sur trois neurones. Le neurone 1 peut faciliter un circuit neuronal tel que l'information qu'il reçoit se transmet préférentiellement au neurone 2 : c'est la mémorisation d'une information par renforcement.
Le neurone 1 peut envoyer une collatérale sur un autre neurone 3 de telle sorte que l'information du neurone 1 est transmise à un autre circuit de neurones, ce qui permet de penser autrement.

## Le cortex frontal : l'épicentre de la découverte

*In fine*, toutes les facultés mentales qui contribuent à produire la science sont mises en œuvre au sein du cortex frontal, parce que c'est là que convergent les circuits nerveux qui sont leur support. Ce cortex frontal, la partie la plus récente du système nerveux dans la phylogenèse (un tiers de l'ensemble du cortex cérébral chez l'homme, soit environ vingt milliards de neurones), est constitué de plusieurs modules de neurones, fortement intriqués les uns dans les autres, dont les fonctions commencent seulement à être décryptées[1]. C'est là que s'effectue la prise de décision finale.

1. Richard Levy et Emmanuelle Volle, « The prefrontal cortex : composer and conductor of voluntary behaviors », *Revue neurologique*, vol. 165, numéro spécial 3, 2009, p. 159-177.

## Le cortex frontal

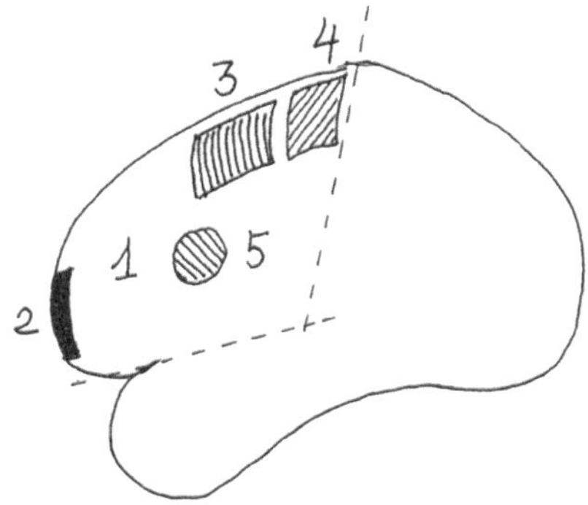


Le cortex frontal (1) joue un rôle dans la conceptualisation de tous les comportements. C'est le chef d'orchestre qui dispose d'une sorte de « clavier » à partir duquel il compose les comportements. Pour cela, il reçoit des messages à partir de toutes les aires cérébrales : les perceptions issues en interne à partir de nos stocks de mémoire et celles provenant de l'environnement (cortex pariétal pour la sensibilité et la perception de l'espace, cortex occipital pour la vision, cortex temporal pour l'audition…).

Dès lors, il décide la mise en œuvre des comportements à partir de l'ensemble des signaux « intellectuels » (face externe du cortex frontal, en noir) et « émotionnels » (face interne du cortex frontal, en hachuré) (voir croquis p. 168), lesquels se conjuguent avant de se programmer dans l'aire prémotrice (3).

De manière plus hypothétique, la partie antérieure du cortex frontal (pôle frontal, 2) pourrait jouer un rôle essentiel dans la fonction mentale la plus élevée (métaconscience). Le dysfonctionnement du cortex frontal se traduit par des symptômes variables selon la localisation des lésions : troubles de la conscience (absence de prise de conscience ou anosognosie) ;

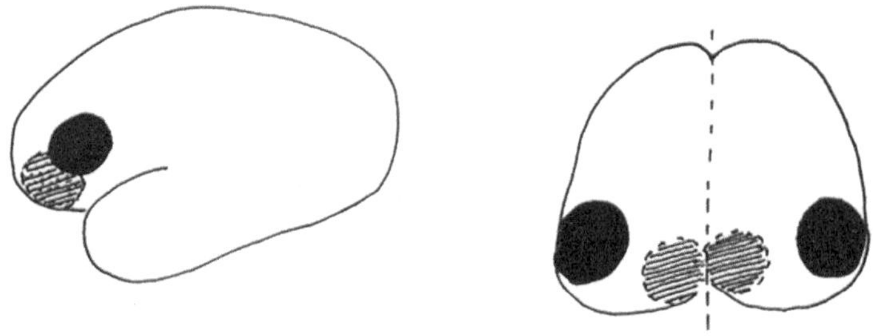

Le cortex frontal vu de profil (à gauche) et de face (à droite).

indifférence (anosodiaphorie) ; troubles émotionnels (désinhibition ou apathie), intellectuels (défaut de stratégie, persévération) et moteurs (aboulie).

L'aire prémotrice (3), située à l'arrière du cortex frontal, est une assemblée de neurones qui reçoit les informations des régions frontales précédentes et des noyaux gris centraux (jouant un rôle dans les comportements automatiques subconscients) pour les projeter sur l'aire motrice, assurant de la sorte la programmation de l'ensemble des mouvements. En cas de lésion, le sujet ne sait plus faire des gestes (alors qu'il ne souffre d'aucune paralysie).

L'aire motrice (4), à l'arrière du cerveau, est le lieu de compactage des informations pour former la « voie finale commune », donc un circuit de neurones purement moteurs (allant du cortex à la moelle épinière et, de là, aux muscles, par l'intermédiaire des nerfs). Sa destruction entraîne une paralysie de l'hémicorps du côté opposé (hémiplégie).

L'aire cingulaire antérieure (5), située au sein du cortex frontal, détecte les erreurs et gère les conflits qui en découlent (les neurones cingulaires augmentent plus leur activité pour l'erreur commise que pour le succès obtenu). Son dysfonctionnement entraîne des persévérations et des troubles obsessionnels compulsifs.

Il existe des tests psychologiques permettant d'évaluer le bon fonctionnement du cortex frontal. Cependant, ce n'est pas parce qu'on a bien réussi ces tests ou que l'imagerie cérébrale montre un cortex frontal hyperactif que l'on sera nécessairement un génie scientifique… Par conséquent, il n'est pas possible de dire avec certitude ce qui permet de reconnaître un chercheur parmi les êtres humains, et encore moins ce qui distingue le découvreur des autres chercheurs ! Sauf que c'est une question de qualité de cerveau…

# Conclusion :
# les chemins de la découverte

Après avoir analysé successivement les différentes étapes du déroulement de la découverte ; ses déterminants (le contexte scientifique et sociopolitique, les progrès technologiques, le talent du chercheur) ; les chemins qui, dans le cerveau, peuvent conduire à la découverte, que pouvons-nous en conclure pour l'avenir ? Je tâcherai de répondre en trois points essentiels : définir le profil mental du découvreur de demain, montrer que faire des découvertes « cela s'apprend » et que les futures découvertes seront collectives et interdisciplinaires.

## Le découvreur, un artiste pionnier ?

*Qui sont-ils ?*

Il y a beaucoup de surdoués qui ne font jamais de découvertes. Ils « remplissent toutes les cases », sont géniaux, mais pas efficaces. À l'inverse, il y a les chercheurs apparemment insipides qui font des découvertes. Certains compensent par le travail, d'autres « attrapent » soudain la « découvertite » : ils se lancent dans la chasse à ce que personne n'avait vu, pour le malin plaisir d'identifier l'inattendu, la subtile satisfaction d'imaginer un concept nouveau, la fierté d'être le meilleur... Trouver, c'est une récompense, comme marquer un but pour le joueur ou l'équipe de football qui gagne. Il y a aussi ceux qui n'éprouvent guère ce genre de satisfaction, qui ne cherchent pas la compétition et qui, au fond, n'ont pas cette ambition. Ils font seulement leur travail comme il faut. Leurs qualités, insoupçonnées, se révéleront insidieusement avec le temps. Il y a enfin ceux qui jouissent tellement de faire des trouvailles qu'ils en deviennent dépendants. Ce qui était une joie simple devient une addiction, avec cette assuétude particulière qui fait qu'il en faut toujours plus pour obtenir le même degré de plaisir. Chez ceux-là, tout peut se voir, depuis la fanfaronnade juvénile jusqu'à la mégalomanie écrasante, en passant par la recherche douteuse des honneurs.

Tout le monde n'a pas le don de créer. Ce n'est pas parce qu'on sait résoudre un problème de géométrie qu'on est un grand mathématicien. On peut avoir toutes les qualités (curiosité, rigueur, culture, imagination, intelligence, sensibilité, indépendance, etc.), mais ne pas avoir pour autant le talent pour faire des découvertes. Alors, qu'est-ce qui fait le découvreur ? C'est peut-être plus simple qu'on ne le pense. Par exemple, j'ai remarqué qu'il en est souvent des grands scientifiques comme de certains chefs d'entreprise : des idées simples, des réponses apparemment triviales (comme cet industriel qui répondait à mes questions en citant des proverbes). Dans cet esprit, si j'avais à me prononcer sur les qualités premières du « découvreur » par rapport au « bon scientifique », je dirais : être capable d'inventer. Le découvreur est un inventeur, un artiste, qui peut penser autrement et donc changer la donne ! C'est un artiste, mais aussi un pionnier. Il est ce que l'artiste peintre est aux peintres du dimanche, ce que le Caravage et Van Gogh sont aux peintres qu'on voit dans les expositions à la mode ; bref, quelqu'un qui est capable d'inventer pour découvrir. Le découvreur est un artiste pionnier qui se fonde sur le réel pour tenter de découvrir le vrai.

Qu'est-ce qui fait le génie artistique ? C'est d'être soi-même. Être comme on est, tout nu et sans fard. Quelqu'un qui avance comme il le sent, comme il en a envie, comme il le veut…, mais qui avance. Les exigences sont les mêmes pour les grands écrivains, les grands peintres, les grands architectes, et sans doute pour les autres professions, du cadre d'entreprise à l'avocat, du sportif au maçon. Pour asseoir cette hypothèse, il suffit d'imaginer la conduite inverse : un scientifique qui fait semblant, qui bluffe, qui parade… Il fait illusion un temps, mais la réalité scientifique aura évidemment le dernier mot. Les grandes découvertes n'ont pas besoin d'apprêts, elles s'imposent dans l'histoire. Il en est de même des découvreurs.

En résumé, le découvreur est d'abord un bon scientifique : au minimum travailleur, intelligent, curieux, rigoureux, persévérant. Pour faire des découvertes, il doit en plus être audacieux, libéré des contingences, savoir exploiter l'inattendu, penser hors des sentiers battus, être libre, donc avoir du temps. En somme, il doit être doué, créatif de nature, ce qui ne l'empêche pas d'être aussi inventif ou ingénieux, de même que l'ingénieur est avant tout innovateur, et l'artiste inventeur. Mais rien ne dit que les qualités du bon scientifique de demain seront les mêmes que celles du scientifique d'aujourd'hui.

La paternité de la découverte

*Comment identifier le futur découvreur ?*

> « Les grands hommes sont aussi cons que les autres, mais rien de grand ne peut être fait sans les grands hommes », Charles de Gaulle.

L'hagiographie d'aujourd'hui ne sera pas celle de demain. Il y a bien des stars scientifiques comme il y a des Don Quichotte, des Edmond Dantès, ou des Rodion Romanovitch Raskolnikov, mais, ce qui compte, c'est la qualité du roman. À un moment, il faudra bien les identifier et les choisir, ces scientifiques. L'habitude est de procéder en deux temps : s'assurer de la capacité à faire de la science d'excellence ; essayer de repérer l'oiseau rare susceptible de devenir une vedette scientifique.

Évaluer les scientifiques, c'est la tâche des organismes de recherche, ce qui suppose une analyse approfondie du degré d'avancement de la recherche du candidat, et surtout de son projet scientifique : un véritable casse-tête. Qu'est-ce qui fait que tel dossier scientifique apporte une contribution significative, alors qu'il est quasi impossible d'en évaluer la portée à long terme ? Comment prévoir l'épanouissement scientifique d'un chercheur, fût-il brillant ? Quel est le degré de participation du candidat au sein de l'équipe de recherche ? Comment distinguer parmi les chercheurs celui ou ceux qui sont responsables de l'avancée scientifique dans la chaîne des événements qui ont conduit à la découverte ? L'évaluation est toujours rétrospective, alors que le projet scientifique ne peut être évalué que prospectivement. Évaluer c'est donc parier, et ce pari, s'il est sans grand risque pour une recherche ordinaire, est risqué quand la recherche ouvre une nouvelle voie. Combien y a-t-il de chercheurs hyperdoués qui n'ont pas été en mesure d'exprimer leur talent, du fait d'une mauvaise orientation ou de l'ignorance des évaluateurs ?

Comment détecter le découvreur chez le scientifique ? Il y a bien des tentatives d'évaluation de la créativité[1] : écrire une histoire ; faire un dessin ; former des combinaisons nouvelles ;

---

1. « Associative and controlled cognition in divergent thinking: Theoretical, experimental, neuroimaging evidence, and new directions », in R. Jung et O. Vartanian (dir.), *The Cambridge Handbook of the Neuroscience of Creativity*, Cambridge, Cambridge University Press, 2018.

trouver un mot qui a une relation particulière avec d'autres mots (par exemple le mot « vin » associé aux mots « rouge », « vert », « tache ») ; générer le maximum de réponses nouvelles ou inhabituelles (par exemple à partir du mot qui est proposé), etc. On peut se demander si Newton, Gauss, Charcot, Bohr, Einstein et d'autres auraient fait preuve d'une créativité exceptionnelle dans ce type de tests. On peut même soupçonner qu'ils auraient trouvé ces méthodes désuètes. Aussi, aujourd'hui, n'y a-t-il qu'un moyen pour évaluer le potentiel d'un chercheur scientifique : l'évaluation par les pairs, même si elle peut être biaisée – d'où la présence dans les jurys de personnalités extérieures. En fait, plus tôt on se plonge dans le bain scientifique, plus tôt on s'exerce à la recherche. Seuls quelques découvreurs émergeront.

Le nombre d'individus capables de faire une découverte ne peut donc qu'être réduit. Mais il est important de savoir ce qu'on entend par découverte. Il y a les petites et les grandes. Tout dépend de l'ambition de la question posée. Il ne faudrait pas croire que les petites découvertes soient plus aisées à faire que les grandes. Les petites avancées ont souvent demandé un travail considérable et sont formulées par des publications obèses, à la méthodologie irréprochable, aux résultats surétayés et aux conclusions ronflantes. Les grandes avancées sont souvent limpides, répondant à des questions simples, sans prétention, exposées avec la plus grande brièveté. Le meilleur exemple en est la fameuse description du signe de Babinski en 1896, qui permet de reconnaître une atteinte du contrôle de la motricité chez l'homme et que son auteur résuma en moins d'une page !

### Le signe de Babinski

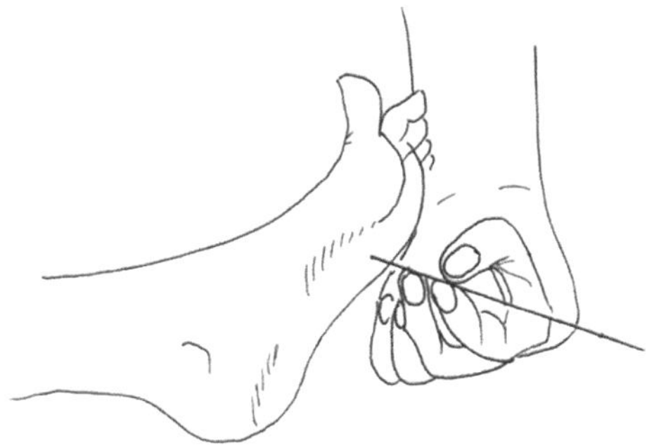

Normalement, la stimulation cutanée de la partie externe de la plante du pied entraîne une flexion des orteils. En cas d'atteinte du faisceau pyramidal, c'est-à-dire du circuit neuronal qui s'étend du cortex cérébral à la moelle épinière, la même stimulation entraîne, de manière caractéristique, un mouvement réflexe d'extension du gros orteil décrite comme « lente et majestueuse ». La même extension du gros orteil est observée chez le nouveau-né jusqu'à l'âge de six mois, soit avant que le faisceau pyramidal devienne fonctionnel. Joseph Babinski (1857-1932), considéré comme le meilleur élève de Jean-Martin Charcot, était un observateur exceptionnel ; il a apporté des progrès considérables à la discipline de la neurologie.

Bref, la meilleure solution, même si on peut se tromper, est de sélectionner les étudiants qui présentent les plus grandes aptitudes et de les mettre rapidement à l'épreuve. On peut se demander si le système s'y prête. Apprend-on à faire des découvertes ?

## Faire des découvertes, cela s'apprend

D'expérience, la créativité scientifique s'apprend. Elle s'apprend du point de vue intellectuel (bon questionnement, logique du raisonnement, rigueur de la méthode…) et émotionnel (soif de gagner, engouement collectif, goût du risque…). Elle s'apprend, comme on se forme à un métier. Parmi ceux qui ont été capables d'apprendre le mieux, certains chercheurs émergent qui seront les meilleurs, parce qu'ils ont le don. Combien de footballeurs professionnels pour faire un Zidane ?

Comment passer de l'ombre (le questionnement) à la lumière (la réponse) ? Les chercheurs sont comme les chanteurs d'opéra. Il y a des scientifiques hors pair comme il y a des divas parmi les plus belles voix. On apprend à faire de la recherche comme on apprend à chanter. Le solfège et la dextérité d'abord, puis le façonnage de la voix. Il reste à la diva à exprimer son talent. Tout étudiant qui envisage de faire un métier de recherche devrait connaître les différents cheminements possibles. Cela s'apprend, par le travail et l'imitation. On peut s'inspirer de ceux qui ont déjà fait des découvertes, par la lecture des textes fondamentaux (René Descartes, Charles Darwin, Claude Bernard, Henri Poincaré, François Jacob…) ; poser les questions avec rigueur et clarté ; sélectionner les modèles et les moyens les plus efficients pour répondre à la question ; identifier les idées nouvelles et originales ; reconnaître les niches inexplorées ; éviter les routines paresseuses ; imaginer le contraire d'une apparente réalité ; apprendre à vaincre la fatigue cognitive ; s'entourer des meilleurs et créer la cohésion ; prendre des risques sans hésiter à transgresser les idées reçues ; se mettre dans la disposition d'esprit de celui qui va découvrir. Plus important peut-être, prendre son temps et viser haut.

« Alors, élève Einstein, combien font 2 + 2 ? »

Je dis ici des banalités, qui ne sont pas enseignées. L'enseignement se fait habituellement sur le terrain par les techniciens de laboratoire et les chercheurs en formation. On peut se demander s'il ne faudrait pas donner des cours sur ces « chemins de la découverte », rassemblés en une méthode scientifique en somme : un petit guide du découvreur ! Il est vrai qu'il est peu probable qu'Einstein ait appris à être génial dans un cahier d'écolier (on raconte qu'il était mauvais élève au point d'avoir été renvoyé du lycée) !

À côté des découvertes géniales, il en est d'autres dont les objectifs sont limités. Combien de démonstrations astucieuses, de mises au point ingénieuses, de suggestions qui passent inaperçues ? Ces petits progrès enclenchent pourtant les grands. Il y a tant de talent à tous les niveaux ! La créativité est à la mesure de chacun. Cet état d'esprit s'apprend, comme dans toute discipline :

D'abord, il faut apprendre à être un bon scientifique, donc réfléchir et faire les gestes qui deviennent des routines – comme le menuisier apprend, en répétant des gestes techniques, à construire une armoire – et sont exécutés ensuite avec facilité, automatiquement, subconsciemment. Il faut donc rendre automatique et subconscient ce qui peut l'être, à la manière aussi de ces pianistes qui améliorent la précision et la rapidité des mouvements de leurs doigts. Il faut encore apprendre à simuler une réalité, comme ces sportifs qui répètent mentalement les gestes (ce qui facilite le fonctionnement des voies nerveuses par neuroplasticité). En somme, pour être un bon scientifique, il faut être un bon ouvrier. Mais il convient également d'apprendre à découvrir, ce qui suppose une activité consciente et non automatique : au début, pour poser les bonnes questions et, à la fin, pour tirer les conclusions intelligentes. La découverte, c'est comme un chef-d'œuvre artistique, avec une nuance toutefois : elle doit être adaptée au contexte.

Malheureusement, la science s'apprend souvent trop tard pour les personnes douées qui n'ont pas eu la chance d'être élevées dans un milieu propice à leur développement intellectuel. Il faudrait probablement les détecter précocement, comme les futurs grands sportifs, au moment où s'emmagasinent toutes les informations dans un cerveau qui se construit. Il faut apprendre, apprendre la science, au plus tôt : « à la mine », dans le laboratoire.

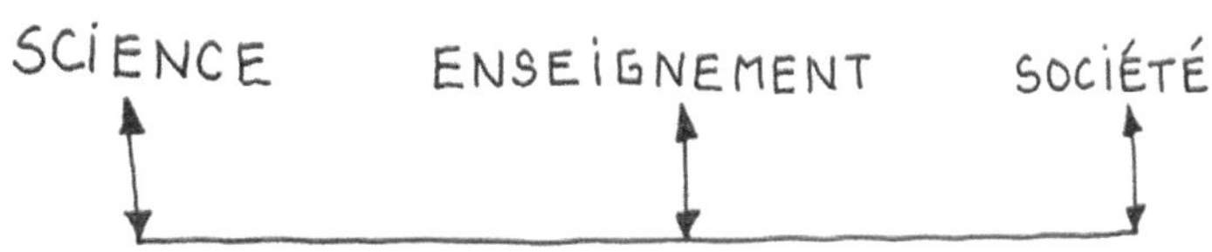


Le progrès scientifique permet un enseignement de haut niveau dont le but est d'améliorer la société, laquelle en retour soutient la science et l'enseignement.

Une fois formé, on peut participer au progrès scientifique. Encore faut-il s'accorder sur la notion de progrès scientifique. Dans nos sociétés, l'idée de progrès sous-tend celle de bien-être, avec les questions éthiques qui en découlent. Cependant, l'accord n'est pas évident entre ceux qui prônent les innovations à tous crins, aux implications bénéfiques immédiates, mais qui risquent de s'épuiser faute de découvertes fondamentales, et ceux qui n'envisagent que la recherche fondamentale en négligeant les applications futures d'intérêt général. Quoi qu'il en soit, il n'y a pas de progrès sans créativité. Par conséquent, si la civilisation veut progresser, il est indispensable qu'elle découvre, qu'elle innove, qu'elle invente. Ce point n'est pas évident pour l'avenir, car les conceptions et les savoir-faire des uns et des autres sont différents selon les traditions et la géographie. D'où l'importance du travail coopératif.

## Faire une découverte, c'est un travail collectif

> « Plusieurs personnes incapables de faire quoi que ce soit par elles-mêmes qui décident que rien ne peut être fait », définition d'un comité par Winston Churchill.

À l'échelle mondiale, la communication scientifique est confrontée au paradoxe d'une gigantesque quantité de publications scientifiques issues des quatre coins du monde : un nombre incalculable d'articles sont publiés mais présentent un intérêt limité (pourtant nécessaire pour compléter l'immense puzzle de la connaissance), la plupart se perdent dans le néant (certains seront peut-être redécouverts sur le tard), face à un petit nombre d'articles innovants (qui lancent les nouvelles pistes de recherche). Avec ses milliers de journaux scientifiques distribués dans le monde et autant de colloques nationaux et internationaux ubiquitaires qui permettent les échanges et la confrontation, la science est devenue collective. La pullulation de l'information, qui rend de plus en plus difficile la détection de celle qui est pertinente, a fait

émerger une nouvelle catégorie de scientifiques : ceux qui savent identifier l'information utile ou déterminante pour avoir l'idée que les autres n'auront pas encore eue.

Y a-t-il encore aujourd'hui des découvreurs isolés, qui font seuls des découvertes comme on le faisait au temps passé ? Si tant est qu'il y en ait jamais eu, car l'historiographie est souvent trompeuse. Aujourd'hui, en tout cas, s'il y a découverte, elle n'est jamais le fait d'un seul individu. Selon la personnalité, selon la formation, selon la discipline, les uns apportent de nouveaux outils ; les autres une conception différente du questionnement ; un dernier, qui s'était tu jusque-là, pose soudain la question inattendue ou jette une idée qui change la donne. La meilleure preuve en est la diversité des profils psychologiques et des potentiels des chercheurs. La réalité scientifique est là : les découvertes sont collectives, dans le laboratoire ou dans le monde, étalées dans le temps et dans l'espace. Bien souvent, les idées sont dans l'air, mais on n'y pense pas, et c'est dans l'échange que l'on saisit l'idée nouvelle.

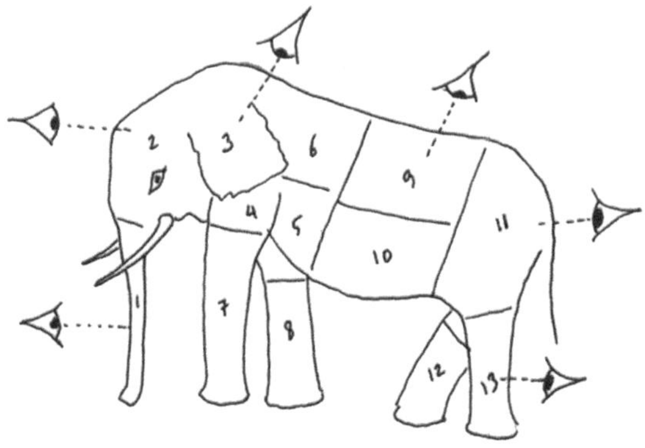


La découverte n'est donc pas une jubilation solitaire. C'est un engouement collectif tel que l'équipe scientifique entre véritablement en communion. Il est ainsi des moments rares dans un *cursus* scientifique où l'équipe de recherche ressent une sorte de ferveur, comme probablement seuls les religieux en connaissent. Ce qui n'empêche pas le rire, communicatif, entraînant. Et, à cet instant non prévu, sans raison apparente, tout d'un coup émerge une force collective capable d'imaginer, de concevoir, d'aboutir, de trouver, de découvrir. L'entente entre plusieurs participants aux compétences complémentaires devient soudainement productive. Comme une même recette de cuisine, dont l'un tirera un frichti insipide, un autre un mets délicieux, un troisième une nouvelle recette. Il est vrai qu'en cuisine, il ne suffit pas de travailler au sein d'une brigade pour être créatif. Combien d'équipes de recherche et autres comités ne sont que des foyers d'idées reçues sinon d'obscurantisme trompeur ou d'hystérie collective futile. C'est la raison pour laquelle la réflexion collective impose un leader, qui écoute, suscite les échanges, entraîne, résume les idées, restitue la synthèse, conclut, instille un certain état d'esprit.

Finalement, le nombre et l'importance des découvertes dépendent aussi de la disposition d'esprit de la société dans laquelle se déroule la recherche. Ce n'est pas dans les pays en situation de misère que peut s'effectuer une recherche de haut niveau, laquelle se concentre donc dans les pays les plus développés, qui ne sont du reste pas nécessairement les plus puissants, mais qui sont ceux où la quête de progrès scientifique est prioritaire. C'est le cas des grandes puissances comme les États-Unis, et la Chine désormais, mais aussi de pays dans lesquels la recherche scientifique est une tradition, comme en Grande-Bretagne, ou une ambition, comme en Corée du Sud. Ce sont donc des pays dont les gouvernements investissent dans la recherche en vue de réaliser un profit à long terme.

La mise en place d'une politique scientifique, nécessairement lente, ne donne pas toujours les résultats escomptés, car la science progresse de plus en plus vite. Il est donc difficile d'anticiper la bonne science de demain, et *a fortiori* la science qui permettra de faire des découvertes.

Que sera le bon scientifique du futur, étouffé par la routine, asphyxié par des techniques de plus en plus sophistiquées ? Le chercheur scientifique deviendra-t-il un bricoleur ou un ingénieur ? Oui, certainement, les deux à la fois. Il devra travailler en collectivité, avec l'ensemble de la communauté scientifique, en apportant des idées simples et nouvelles – des idées qu'il restera à mettre en œuvre, ce qui implique de la liberté, du temps, de l'ambition et de la confiance en soi.

# Épilogue

Après avoir écrit ces lignes, j'ai eu un scrupule : il y avait évidemment plus compétent que moi pour répondre à la question des fondements d'une découverte scientifique. Aussi, j'ai demandé à des amis, les uns membres de l'Académie des sciences, les autres philosophes, de répondre aux deux questions suivantes, ce qu'ils ont fait bien volontiers : Quelles sont les qualités requises pour être un bon scientifique ? Quelles sont les qualités requises pour qu'un bon scientifique fasse une découverte ?

## Réponses des scientifiques

*Quelles sont les qualités requises pour être un bon scientifique ?*

Les mots-clés les plus cités sont les suivants : curiosité ; persévérance ; rigueur ; méthode ; travail ; passion ; travail collectif.

D'autres qualités sont évoquées : le partage des connaissances ; l'intelligence ; l'intégrité ; les connaissances, la culture ;

l'indépendance d'esprit ; la liberté ; le non-conformisme ; l'absence d'idées préconçues ; la force de conviction ; la générosité.

*Quelles sont les qualités requises pour qu'un bon scientifique fasse une découverte ?*

Les mots-clés souvent cités pour répondre sont les suivants : penser à côté ; regarder autrement ; être hors des sentiers battus ; explorer l'inattendu ; l'imagination ; l'audace, la prise de risque ; la liberté ; la chance.

D'autres qualités sont également mentionnées : l'ambition ; la combativité ; la capacité d'étonnement ; l'opportunisme ; l'enthousiasme ; l'agilité intellectuelle ; le doute ; l'indépendance, l'ouverture d'esprit ; l'épargne de temps ; la préservation de moments perdus.

*Verbatim*

« [Le chercheur] doit avoir le goût et la capacité de confronter, de faire se frotter des idées venant d'horizons et de disciplines différents, ce qui n'est pas incompatible avec la sérendipité [...]. Il ou elle doit être capable de s'isoler dans le monde de ses constructions mentales pour les y manipuler inlassablement [...]. Le mot "liberté" y est central : liberté du choix des thèmes de recherche et des collaborateurs éventuels ; [il doit] pouvoir être maître des horloges [...] ; sortir des cadres mentaux habituels qui l'empêchent de donner un sens aux phénomènes qu'il observe. »

Le chercheur doit avoir : « la capacité de voir et réfléchir *off the box*, permettant ainsi de faire émerger des objets de recherche uniques ».

« Rigueur et créativité, et surtout un dosage, un équilibre entre les deux. Trop ou pas assez de l'une par rapport à l'autre empêche les avancées scientifiques. »

Le chercheur doit « savoir renoncer à poursuivre de multiples solutions possibles. Savoir en choisir une et l'explorer au détriment de toutes les autres. Le choix de la solution qu'on explore est difficile à comprendre. Il dépend de multiples paramètres, parmi lesquels nos propres travaux dans le domaine et la littérature scientifique antérieure [...]. La principale qualité requise pour qu'un bon scientifique fasse une découverte, c'est l'imagination ».

« L'idée de découverte va de pair avec l'idée d'une innovation conceptuelle, pas factuelle. Il y a aussi la découverte technique, qui recoupe l'idée industrielle de l'activité inventive [...]. En mathématiques, il y a quatre catégories de personnes : (1) ceux qui n'y comprendront jamais rien ; (2) ceux qui comprendront tout, et généralement sauront l'expliquer, mais qui seront incapables d'inventer un objet mathématique nouveau ; (3) ceux qui seront loin de tout comprendre, mais qui inventeront un ou plusieurs nouveaux objets mathématiques ; (4) ceux qui n'ont qu'une capacité et un intérêt marginaux pour la science, mais qui sont de bons organisateurs [...]. Un bon scientifique sera une personne qui a, au moins implicitement, une idée de ce qu'est la méthode scientifique, à savoir la construction d'un modèle lié à la question posée [...]. Les découvertes conceptuelles, rarissimes en biologie, supposent un bon sens de l'observation qui en est à l'origine, comme la découverte d'une pépite d'or, parce qu'elle brille dans un terrain autrement stérile. »

« [Le progrès n'est] pas augmentation de volume par juxtaposition, l'antérieur subsistant dans le nouveau, mais révision perpétuelle des contenus par approfondissement et rature. »

« [Le chercheur doit encore avoir] des idées théoriques. Savoir distinguer les problèmes qui comptent [...]. La théorie est un peu délaissée au profit de la récolte de données, alors qu'elle a toujours joué un rôle moteur dans la découverte scientifique. »

« On ne sait jamais quand viendra le moment de la découverte [...]. Cependant il faut savoir contrôler le temps. »

Il doit enfin : « [avoir] la pensée "en grappe" plutôt que linéaire [...], la chance et donc l'audace [sont des] conditions nécessaires [...]. Songer, à ses moments perdus. »

« Pour être un "bon" chercheur, il faut allier deux qualités : être créatif et réalisateur [...]. Créatif : pour explorer des voies originales et aborder de façon non conventionnelle les sujets. Réalisateur : pour aller au bout de ses idées, même si ce n'est pas toujours évident, en y consacrant le temps et l'énergie indispensables. »

« Le point important [pour faire une découverte] est de se situer sur un terrain où il y a quelque chose d'accessible et d'intéressant à découvrir. Intéressant : c'est-à-dire un sujet nouveau et permettant de débloquer une situation non comprise et importante. Accessible : c'est-à-dire que, avec les connaissances que l'on a, on sera capable de résoudre le problème. »

Faire une découverte, cela demande : « indépendance, courage, chance, [un] étonnement-questionnement, [une] traversée des champs du savoir ».

« Une découverte est presque toujours le fruit d'un travail d'équipe et non d'un individu isolé ; l'enthousiasme est indispensable pour motiver tous les membres de l'équipe. L'ambition d'un projet de recherche, risqué et hors des sentiers battus, est une condition nécessaire à la découverte. »

Un chercheur montre : « rigueur, imagination et goût du risque ; un découvreur [fait preuve] d'imagination, d'un goût du risque et de rigueur ».

Pour aboutir à une découverte, il faut encore : « s'extraire de l'administration », « mettre le paquet sur le problème du moment », « agir au pifomètre ».

En définitive, « il n'y a pas de recette pour trouver, sinon ça se saurait. Lire la littérature scientifique au-delà de son domaine, la lire vraiment, y compris les auteurs anciens. L'histoire des sciences, c'est la science. Refuser la peur du risque et bannir l'esprit puritain. Le puritanisme, en science comme ailleurs, est l'ennemi de la créativité ».

## Réponses des philosophes

*Quelles sont les qualités requises pour être un bon scientifique ?*

Ces qualités sont : « la rigueur, l'intelligence, l'obstination, la clarté, le travail ».

Pour être un bon chercheur, il faut d'abord observer « une méthode, et [avoir] ensuite un sens de l'argumentation et du dialogue. La méthode n'est pas différente de celle des chercheurs en sciences dites exactes : investigation sur les sources de l'information, recoupement des témoignages, mise à l'épreuve des hypothèses de lecture, examen critique de la littérature sur le sujet, aptitude à l'extrapolation maîtrisée (qui suppose une audace du questionnement et une ouverture sur d'autres champs thématiques ou corpus). Le chercheur aime ferrailler avec ses pairs».

«Un bon chercheur, pour moi, est un être obstiné qui n'hésite pas à s'égarer longtemps pour suivre ses intuitions. Et parfois il arrive qu'il trouve, par un mélange d'entêtement et de chance.»

«Sur le registre strictement intellectuel, les réponses [à la question des qualités requises] sont bien connues: cohérence dans la méthode, exigence dans les démonstrations et les procédures de contrôle, rigueur dans l'établissement des protocoles, etc. Ce à quoi il convient d'ajouter des caractéristiques psychologiques non moins évidentes: ténacité, endurance, désintéressement, entre autres. Un bon scientifique doit aussi savoir se méfier de ses propres convictions, accepter éventuellement d'échouer, savoir inscrire son propre parcours dans une histoire collective.»

*Quelles qualités sont nécessaires pour qu'un scientifique fasse une découverte?*

Ces qualités principales sont: «la chance, l'imagination, l'audace, la culture, la liberté, le doute, le repos».

«[Il faut avoir] l'audace du "Pourquoi pas?", le goût pour le contrefactuel, la disposition à la sérendipité (c'est-à-dire à se laisser entraîner loin des sentiers balisés), le refus de s'enfermer dans les attendus disciplinaires (les préjugés qu'installent les académismes) [...]. Savoir se déprendre des cloisonnements disciplinaires et de l'illusion de sécurité des acquis et des savoirs reconnus [...], [avoir] le sens de la complexité, c'est-à-dire de l'approche capable de multiplier la mise en perspective des données et des points de vue, sont déterminants dans la découverte. L'ironie sur soi-même, une certaine fraîcheur dans sa vision du monde, la détention d'un jardin secret où l'esprit de liberté est roi, une certaine propension à jouer et défier le *statu quo* [sont aussi des qualités essentielles]. »

Faire une découverte, cela suppose aussi « la capacité de raconter une "autre histoire" que les autres, à partir des mêmes données, c'est-à-dire la faculté de "penser à l'envers", si l'on peut dire, à tout le moins d'agencer différemment ce que tout le monde a déjà sous les yeux, mais sans le discerner ».

Pour découvrir, on doit encore avoir la « faculté de se laisser surprendre, de ne pas vouloir à toute force tout dominer, donc de donner sa chance au hasard, réel ou apparent, ce qui se nomme aussi sérendipité [...]. Autrement dit, il faut la conviction que, comme dit Kant, "ma pensée n'impose aucune nécessité aux choses" [...], finalement, la force de concilier les normes, à respecter, et le hors norme, à accueillir ».

« Je pourrais te bricoler des réponses bien tournées, mais ce serait peu honnête, car en vérité je ne sais pas ce qui se passe dans la tête des créateurs, que ce soit en science ou en art... Alors bon courage ! »

# Bibliographie

Y. Agid, Fr. Javoy et J. Glowinski, « Hyperactivity of remaining dopaminergic neurones after partial destruction of the nigro-striatal dopaminergic system in the rat », *Nature New Biology*, vol. 245, 1973, p. 150-151.

Y. Agid, *Subconsciousness. Automatic Behavior and the Brain*, New York, Columbia University Press, 2021.

Y. Agid, « Neurodegenerative disorders : are we wrong ? », *Revue neurologique*, vol. 178, n° 5, 2022, p. 407-413.

J. Babinski, « Sur le réflexe cutané plantaire dans certaines affections organiques du système nerveux central », *Société de Biologie*, 1896, p. 207-208.

B.-P. Bejjani, P. Damier, I. Arnulf, L. Thivard, A. M. Bonnet, D. Dormont, P. Cornu, B. Pidoux, Y. Samson et Y. Agid, « Transient acute depression induced by high-frequency deep-brain stimulation », *New England Journal of Medicine*, vol. 340, n° 19, 1999, p. 1476-1480.

B. Bensaude-Vincent, *Sciences et Avenir*, numéro spécial, septembre 2021.

Cl. Bernard, *Introduction à l'étude de la médecine expérimentale* [1865], Paris, Flammarion, 2008.

P. Boulez, J.-P. Changeux et P. Manoury, *Les Neurones enchantés. Le cerveau et la musique*, Paris, Odile Jacob, 2014.

J. Bouveresse, « Une épistémologie réaliste est-elle possible ? », in J.-P. Changeux, *La Vérité dans les sciences*, Paris, Odile Jacob, 2003.

J.-P. Changeux, P. Heidmann et P. Patte, « Learning by selection », in P. Marler et H. S. Terrace (dir.), *The Biology of Learning*, Berlin, Springer, 1984.

G. Charpak et H. Broch, *Devenez sorciers, devenez savants*, Paris, Odile Jacob, 2002.

A. Comte-Sponville, *Dictionnaire philosophique*, Paris, Presses universitaires de France, 2021.

P. Damier, *Décider en toute connaissance de soi*, Paris, Odile Jacob, 2014.

C. Debru, « Le rôle de l'imagination dans l'expérimentation physiologique : Claude Bernard et le curare », in P. Buser, Cl. Debru et A. Kleinert, *L'Imagination et l'intuition dans les sciences*, Paris, Hermann, 2009.

St. Dehaene, *Le Code de la conscience*, Paris, Odile Jacob, 2014.

L. C. de Souza, H. C. Guimarães, A. L. Teixeira, P. Caramelli, R. Levy, B. Dubois et E. Volle, « Frontal lobe neurology and the creative mind », *Frontiers in Psychology*, vol. 5, n° 95, 2014, p. 761.

A. Fagot-Largeault, « L'esprit d'invention selon Charles Nicolle », in P. Buser, Cl. Debru et A. Kleinert, *L'Imagination et l'intuition dans les sciences*, Paris, Hermann, 2009, p. 125-136.

X. Fan et Y. Agid, « At the origin of the history of glia », *Neuroscience*, vol. 385, 2018, p. 255-271.

Ch. Findling, V. Skvortsova, R. Dromelle, S. Palminteri et V. Wyart, « Computational noise in reward-guided learning drives behavioral variability in volatile environments », *Nature Neuroscience*, vol. 22, n° 12, 2019, p. 2066-2077.

A. Flexner, « The usefulness of useless knowledge », *Harpers*, n° 179, 1939, p. 544-552.

R. Fosse, R. Stickgold et A. Hobson, « Brain-mind states : reciprocal variation in thoughts and hallucinations », *Psychological Science*, vol. 12, n° 1, 2001, p. 30-36.

S. Freud, « Charcot », *Résultats, idées, problèmes*, I, Paris, Presses universitaires de France, 1998.

Étienne Ghys, « L'espace mathématique comme un réseau. Variation sur une conférence de Poincaré, un siècle plus tard… », in P. Buser, Cl. Debru et A. Kleinert (dir.), *L'Imagination et l'intuition dans les sciences*, Paris, Hermann, 2009.

J. Hadamard, *Essai sur la psychologie de l'invention dans le domaine mathématique*, traduit de l'anglais par J. Hadamard, Sceaux, Jacques Gabay, 1959.

Y. N. Harari, *Homo Deus. Une brève histoire de l'avenir*, Paris, Albin Michel, 2017.

M. Jeannerod, *La Nature de l'esprit*, Paris, Odile Jacob, 2002.

D. Kahneman, *Système 1/Système 2. Les deux vitesses de la pensée* [*Thinking, Fast and Slow*, 2011], traduit de l'anglais par R. Clarinard, Paris, Flammarion, 2012 ; nouvelle édition révisée, 2016.

A. Kleinert, « Une découverte scientifique inspirée par la mythologie : le cas du multiplicateur de Schweigger », in P. Buser, Cl. Debru et A. Kleinert, *L'Imagination et l'intuition dans les sciences*, Paris, Hermann, 2009.

C. Lacaux, Ch. Izabelle, G. Santantonio, L. De Villele, J. Frain, T. Lubart, F. Pizza, G. Plazzi, I. Arnulf et D. Oudiette, « Increased creative thinking in narcolepsy », *Brain*, vol. 142, n° 7, 2019, p. 1988-1999.

R. Levy et E. Volle, « The prefrontal cortex : composer and conductor of voluntary behaviors », *Revue neurologique*, vol. 165, numéro spécial 3, 2009, p. 159-177.

P. Limousin, P. Pollak *et al.*, « Effect on parkinsonian signs and symptoms of bilateral subthalamic nucleus stimulation », *The Lancet*, vol. 345, n° 8942, 1995, p. 91-95.

B. Libet *et al.*, « Time of conscious intention to act in relation to onset of cerebral activity (readiness-potential). The unconscious initiation of a freely voluntary act », *Brain*, vol. 106, n° 3, 1983, p. 623-642.

J.-Fr. Marmion (dir.), *Psychologie de la connerie*, Paris, Sciences Humaines Éditions, 2018.

L. Naccache et St. Dehaene, « Unconscious semantic priming extends to novel unseen stimuli », *Cognition*, vol. 80, n° 3, 2001, p. 215-229.

H. Poincaré, *Science et Méthode*, Paris, Flammarion, 1908.

G. Rizzolati, L. Fadiga, V. Gullese et L. Fogassi, « Premotor cortex and the recognition of motor actions », *Cognitive Brain Research*, vol. 3, n° 2, 1996, p. 131-141.

D. Roux, « Conclusions : découvreurs, inventeurs, innovateurs », cours au Collège de France consultable en ligne :

https://www.college-de-france.fr/site/didier-roux/course-2017-05-19-10h00.htm

E. Volle, « Associative and controlled cognition in divergent thinking : Theoretical, experimental, neuroimaging evidence, and new directions », in R. Jung et O. Vartanian (dir.), *The Cambridge Handbook of the Neuroscience of Creativity*, Cambridge, Cambridge University Press, 2018.

O. Walusinski, « De la connaissance à la croyance ou l'égarement de Jules Luys, un cheminement intellectuel toujours d'actualité », *Annales médico-psychologiques*, vol. 180, n° 4, 2022, p. 366-374.

# Remerciements

Un grand merci à Pierre-Louis Desprez ; nos échanges fructueux m'ont donné l'idée de cet essai. Mes remerciements aussi à ceux qui, d'une manière ou d'une autre, m'ont apporté des documents ou des idées, et plus particulièrement à Agnès Renard, Emmanuelle Volle, Gérard Berry, Étienne Ghys, Roger Pol-Droit, André Comte-Sponville et son *Dictionnaire philosophique*, Didier Roux, Éric Westhof et Elias Zerhouni.

Je remercie vivement les amis scientifiques, membres de l'Académie des sciences, qui ont accepté de répondre à l'enquête sur les qualités requises pour être un bon scientifique et pour faire une découverte : Alain Aspect (prix Nobel de physique 2022), Jean-François Bach (immunologie), Étienne Baulieu (biologie), Gérard Berry (informatique), Joël Bockaert (pharmacologie moléculaire), Sébastien Candel (mécanique), Jean-Pierre Changeux (neurobiologie), Pierre Corvol (biologie cellulaire), Pascale Cossart (microbiologie), Patrick Couvreur (pharmacologie), Antoine Danchin (biologie moléculaire), Claude Debru (philosophie), Laurent

Degos (hématologie), Jean-Marc Egly (biologie moléculaire), Odile Eisenstein (chimie), Olivier Faugeras (informatique), Étienne Ghys (mathématiques), Denis le Bihan (neuro-imagerie), Jean-François le Gall (mathématiques), Pierre Léna (physique), Daniel Louvard (biologie cellulaire), Bernard Meunier (chimie), Dominique Meyer (hématologie), Charles Pilet (biologie animale), Alain Prochiantz (biologie du développement), Bernard Roques (pharmacologie), Didier Roux (physique), José Sahel (biologie cellulaire), Jean Salençon (mécanique), Philippe Sansonetti (microbiologie), Jean-Charles Schwartz (pharmacologie), Éric Westhof (biologie moléculaire) et André-Francis Wollman (biologie marine).

Ces remerciements s'adressent aussi à mes amis philosophes : Roger-Pol Droit et André Comte-Sponville, que j'ai déjà cités, et Jean-Michel Besnier, Pascal Bruckner et Luc Ferry.

Merci enfin à Hélène Monsacré qui a assuré la réalisation du livre avec l'aide d'Amandine Chevreau, à Frédérique Pons qui en permet la diffusion, à Anna Pavlowitch et Gilles Haéri qui ont accepté de le publier chez Albin-Michel.

# Table

Du même auteur

*L'Homme subconscient. Le cerveau et ses erreurs*,
Paris, Robert Laffont, 2013.

Avec Pierre Magistretti, *L'Homme glial. Une révolution dans les sciences du cerveau*, Paris, Odile Jacob, 2018.

*Je m'amuse à vieillir. Le cerveau, maître du temps*,
Paris, Odile Jacob, 2020.

*Subconsciousness. Automatic Behavior and the Brain*,
New York, Columbia University Press, 2021.

Avec Roger-Pol Droit, *Je marche donc je pense*,
Paris, Albin Michel, 2022.

*Impression : Normandie roto s.a.s. en mars 2023*
*Éditions Albin Michel*
*22, rue Huyghens, 75014 Paris*
*www.albin-michel.fr*
*ISBN : 978-2-226-48149-8*
*N° d'édition : 25347/01 – N° d'impression : 2206743*
*Dépôt légal : avril 2023*
*Imprimé en France*